Memoirs of the American Mathematical Society

Number 296

Jean-Pierre Ramis

Théorèmes d'indices Gevrey pour les équations différentielles ordinaires

Published by the
AMERICAN MATHEMATICAL SOCIETY
Providence, Rhode Island, USA

March 1984 · Volume 48 · Number 296 (second of 4 numbers)

MEMOIRS of the American Mathematical Society

This journal is designed particularly for long research papers (and groups of cognate papers) in pure and applied mathematics. It includes, in general, longer papers than those in the TRANSACTIONS.

Mathematical papers intended for publication in the Memoirs should be addressed to one of the editors. Subjects, and the editors associated with them, follow:

Ordinary differential equations, partial differential equations and applied mathematics to JOEL A. SMOLLER, Department of Mathematics, University of Michigan, Ann Arbor, MI 48109.

Complex and harmonic analysis to LINDA PREISS ROTHSCHILD, Department of Mathematics, University of California at San Diego, LaJolla, CA 92093

Abstract analysis to WILLIAM B. JOHNSON, Department of Mathematics, Ohio State University, Columbus, OH 43210

Algebra, algebraic geometry and number theory to LANCE W. SMALL, Department of Mathematics, University of California at San Diego, LaJolla, CA 92093

Logic, set theory and general topology to KENNETH KUNEN, Department of Mathematics, University of Wisconsin, Madison, WI 53706

Topology to WALTER D. NEUMANN, Department of Mathematics, University of Maryland, College Park, MD 20742

Global analysis and differential geometry to TILLA KLOTZ MILNOR, Department of Mathematics, University of Maryland, College Park, MD 20742

Probability and statistics to DONALD L. BURKHOLDER, Department of Mathematics, University of Illinois, Urbana, IL 61801

Combinatorics and number theory to RONALD GRAHAM, Mathematical Studies Department, Bell Laboratories, Murray Hill, NJ 07974

All other communications to the editors should be addressed to the Managing Editor, R. O. WELLS, JR., Department of Mathematics, University of Colorado, Boulder, CO 80309

MEMOIRS are printed by photo-offset from camera-ready copy fully prepared by the authors. Prospective authors are encouraged to request booklet giving detailed instructions regarding reproduction copy. Write to Editorial Office, American Mathematical Society, P.O. Box 6248, Providence, Rhode Island 02940. For general instructions, see last page of Memoir.

SUBSCRIPTION INFORMATION. The 1983 subscription begins with Number 272 and consists of six mailings, each containing one or more numbers. Subscription prices for 1983 are $104.00 list; $52.00 member. Each number may be ordered separately; *please specify number* when ordering an individual paper. For prices and titles of recently released numbers, refer to the New Publications sections of the **NOTICES** of the American Mathematical Society.

BACK NUMBER INFORMATION. For back issues see the AMS Catalogue of Publications.

TRANSACTIONS of the American Mathematical Society

This journal consists of shorter tracts which are of the same general character as the papers published in the MEMOIRS. The editorial committee is identical with that for the MEMOIRS so that papers intended for publication in this series should be addressed to one of the editors listed above.

Subscriptions and orders for publications of the American Mathematical Society should be addressed to American Mathematical Society, P. O. Box 1571, Annex Station, Providence, R. I. 02901. *All orders must be accompanied by payment.* Other correspondence should be addressed to P. O. Box 6248, Providence, R. I. 02940.

MEMOIRS of the American Mathematical Society (ISSN 0065-9266) is published bimonthly (each volume consisting usually of more than one number) by the American Mathematical Society at 201 Charles Street, Providence, Rhode Island 02904. Second Class postage paid at Providence, Rhode Island 02940. Postmaster: Send address changes to Memoirs of the American Mathematical Society, American Mathematical Society, P. O. Box 6248, Providence, RI 02940.

SOMMAIRE

ABSTRACT

This memoir is devoted to the study of the coefficients growth of formal power series satisfying a given analytic linear differential equation.

Our methods are rather elementary : the main tools are Gevrey-filtrations of formal power series spaces and compact perturbations of linear maps.

Our results are mainly new but strongly related with deep (if a little out of fashion) results of O. PERRON, G. VALIRON, and other people from the beginning of the century.

We give some applications, in particular to the study of the E - functions of C.L. SIEGEL. (One will find some important applications, in particular to the theory of summation of divergent series, in other papers by the same author.)

A.M.S. (1980) Subject classification : 34 A 20, A 30.

Key Words and Phrases : Equations différentielles linéaires, singularités irrégulières, indices, Gevrey, E - fonctions, ultradistributions ponctuelles.

Library of Congress Cataloging in Publication Data

Ramis, J.-P. (Jean-Pierre)
Théorèmes d'indices Gevrey pour les équations différentielles ordinaires.

(Memoirs of the American Mathematical Society ; no. 296)
Bibliography: p.
1. Differential equations. 2. Index theorems. 3. Power series. I. Title. II. Series.
QA.A57 no. 296 [QA372] 510s [515.3'52] 83-27157
ISBN 0-8218-2296-9

INTRODUCTION

Le point de départ de ce travail est une réflexion sur les indices d'irrégularité d'un opérateur différentiel introduits par voie purement algébrique par GERARD-LEVELT [13]. Sachant que le premier indice ρ_o de GERARD-LEVELT traduit la différence entre "solutions" convergentes* et "solutions" formelles, ou dualement la différence entre "solutions" hyperfonctions à support l'origine et "solutions" distributions à support l'origine (MALGRANGE [29], [30]), et compte tenu des travaux de KOMATSU [20], [21], pour les opérateurs réels, il était naturel de penser que les indices de GERARD-LEVELT $\rho_k > 0)$ traduisent la différence entre "solutions" hyperfonctions à support l'origine et "solutions" ultradistributions (d'ordre $s = 1 + \frac{1}{k}$) à support l'origine, et donc dualement la différence entre "solutions" convergentes et "solutions" formelles Gevrey (d'ordre s).

J'ai esquissé dans [41] une première démonstration des théorèmes d'indices Gevrey (confirmant le principe évoqué ci-dessus). Je renvoie le lecteur à [41] pour les rapports entre la théorie des indices Gevrey et les invariants de GERARD-LEVELT, question sur laquelle je ne reviendrai pas ici.

Depuis la rédaction de [41] une exploration assez systématique de la "vieille littérature" n'a convaincu que l'étude des solutions formelles de type Gevrey des équations différentielles algébriques, est une préoccupation assez ancienne des mathématiciens. Je ne ferai pas ici un historique de cette question, me contentant de signaler que l'on trouve chez LEROY [23] (1900) la conviction "expérimentale" que les solutions formelles d'équations différen-

---

* Les "solutions" sont prises au sens de l'Analyse Algébrique : on tient compte non seulement des noyaux, mais aussi des conoyaux (cf. plus loin).

tielles algébriques sont "très souvent" de type Gevrey* et surtout que O. PERRON donne dès 1911 un traitement assez complet de la question [37] pour des équations rationnelles. La méthode de PERRON consiste à se ramener aux équations aux différences et à utiliser les résultats de son article [36] concernant ces dernières ; elle ne s'applique évidemment qu'aux équations rationnelles. En 1921, O. PERRON a amélioré les résultats de [38] ; cette amélioration permet de préciser [37] et d'obtenir dans le cas rationnel certains des résultats que nous établissons ci-dessous pour une autre voie, mais ceci, à ma connaissance, n'a pas été écrit. Dans RAMIS-SCHIFFMANN [47], on revient sur ce point de vue : nous faisons dans cet article une étude "Gevrey" des équations aux différences suivant une méthode perturbative voisine de celle employée ici (et redémontrons ainsi très simplement les résultats fondamentaux de PERRON).

Les résultats établis ici sont plus "fins" que ceux de [41] : nous travaillerons avec des espaces de Gevrey "précisés", tenant compte non seulement de l'ordre, mais du "type". (Cette précision est importante pour l'étude des solutions entières et pour certaines applications numériques ; cf. RAMIS-THOMANN [48], [49]).

Dans [41] nous traitions le cas "générique" par perturbation et en déduisons le cas général par "passage à la limite" en utilisant des arguments cohomologiques (basés sur des résultats délicats de développements asymptotiques Gevrey). Nous n'emploierons ici que des arguments perturbatifs (généralisant ceux de [41]) et le lecteur constatera que la démonstration est <u>fort simple</u> (malgré une inévitable lourdeur due à la multiplicité des cas considérés et surtout à la nécessité de travailler constamment avec des limites inductives ou projectives d'espaces de Banach. Les méthodes cohomologiques introduites dans [41] ont par ailleurs d'autres applications RAMIS [42], [43], [44], [45]) .

---

* Le travail de LEROY est évidemment antérieur à celui de GEVREY. On verra ci-dessus que les solutions sont <u>toujours</u> Gevrey.

L'étude des indices dans les espaces d'ultradistributions à support l'origine est faite par dualité. Dans le cas des opérateurs rationnels, on en déduit, par utilisation d'une application du type "Résidu" des théorèmes d'indices pour les espaces de fonctions entières : on retrouve ainsi des résultats de VALIRON [55], [56], et on démontre pour la même occasion, que ces résultats sont essentiellement équivalents par "Résidu et dualité" à ceux de PERRON !

Nous terminons par une application à la théorie des E-fonctions de SIEGEL.

Dans [41], nous avions suggéré la possibilité d'utiliser des espaces de type Gevrey convenablement précisés pour obtenir des théorèmes d'indice plus fins ("éclatement d'ordre supérieur"). Il est aujourd'hui possible de "deviner" les espaces fonctionnels correspondants (grâce à A. DUVAL [11] et RAMIS [42], [43]). M. LODAY a récemment obtenu des théorèmes d'indice dans cette direction ; cf. [26] ; les méthodes employées sont également purement perturbatives et raffinent les arguments développés ici (avec évidemment beaucoup plus de difficultés techniques). Les théorèmes d'indices pour les opérateurs fournissent en utilisant des arguments "bien connus" des théorèmes d'indices pour les systèmes d'ordre un. Pour des systèmes à coefficients rationnels (ou plus généralement méromorphes), la possibilité de calculer "effectivement" les indices ne ressort pas clairement de la littérature "moderne" sur le sujet. Nous avons tenu pour cette raison à donner un procédé explicite. (C'est une mise au "goût du jour" d'un argument très simple, signalé comme classique en 1936 par F. COPE [6]) .
Nous donnons également les théorèmes d'indice pour les $\mathcal{D}$-modules de rang fini et montrons que les indices de D et les "invariants formels" permettant de les calculer sont invariants par "similitude" (notion introduite par ORE [35]). (Ce sont des invariants de $\mathcal{D}$-modules).
Signalons que les théorèmes d'indice Gevrey de RAMIS [41] et du présent

article sont utilisés dans MALGRANGE [33] et dans LAURENT [22]*. (LAURENT établit des résultats à plusieurs variables en utilisant notre résultat pour une variable et la théorie de la double microlocalisation). Les résultats centraux du présent article sont le Théorème 1.5.9. et le théorème 1.5.14 (qui s'en déduit). (Les autres résultats en découlent assez aisément). Les points clés de la démonstration du Théorème 1.5.9. sont la proposition 1.3.7., la proposition 1.4.4., la proposition 1.5.1. (iv) et la proposition 1.5.7. .

Je remercie les lecteurs d'une première version de cet article (publiée en 1981 dans la série des preprints IRMA à Strasbourg) , et en particulier M. LODAY, Y. SIBUYA, S. SPERBER, qui m'ont signalé un certain nombre d'imprécisions. Je remercie également le referee qui m'a suggéré d'ajouter au texte de la première version l'application aux E-fonctions. Je tiens enfin à remercier Mme L. RUMBERGER pour le soin qu'elle a apporté à la frappe de ce mémoire.

---

* LAURENT établit directement certains de ces résultats dans un cadre plus général dans [64].

0. OPERATEURS A INDICE.

Pour faciliter la lecture de la suite nous rappelons brièvement ci-dessous les résultats essentiels de la théorie des opérateurs à indice dans les espaces de Banach. Cette théorie est l'outil fondamental employé dans cet article. Notre présentation est directement inspirée de GRISVARD [14]. (Nous renvoyons à cet article pour les démonstrations.) Nous apportons de plus quelques compléments indispensables à [14] ; en particulier, l'important Lemme 0.13. qui nous a été signalé par B. MALGRANGE (cf. MALGRANGE [33], démonstration de (4.6.).)

Si E et F sont des espaces de Banach, nous désignerons par $\mathcal{L}(E,F)$ l'espace des applications linéaires continues de E dans F, muni de sa structure naturelle d'espace de Banach. Les espaces F , FS , FN , DFS , DFN sont respectivement des espaces de Fréchet, Fréchet-Schwartz, Fréchet nucléaires, duaux de Fréchet-Schwartz, duaux de Fréchet nuclaires (A. GROTHENDIECK [60], R. DOUADY [59]).

DEFINITION 0.1. <u>Soient</u> $\{E_n\}_{n\in\mathbb{Z}}$ <u>une famille de</u> $\mathbb{C}$-<u>espaces vectoriels</u>

et $d_n : \{E_n \to E_{n+1}\}$ <u>une famille d'applications linéaires</u>.

On dira que

$$C^\bullet : \ldots \to E_{n-1} \xrightarrow{d_{n-1}} E_n \xrightarrow{d_n} E_{n+1} \to \ldots$$

est un complexe de $\mathbb{C}$-espaces vectoriels si, pour tout $n\in\mathbb{Z}$, on a $d_{n+1}\circ d_n = 0$.

On dira que le complexe $C^\bullet$ est borné si $E_n = 0$ pour tout n assez petit $(n\le n_o)$ et tout n assez grand $(n\ge n_1)$. (Nous nous limiterons dans toute la suite à des complexes bornés).

Le n-ième espace de cohomologie de $C^\bullet$ est le $\mathbb{C}$-espace vectoriel

Received by the editors November 12, 1981 and, in revised form, May 27, 1983.

$H^n(C^\bullet) = \mathrm{Ker}\, d_n / \mathrm{Im}\, d_{n-1}$. Si $H^n(C^\bullet) = 0$, on dira que $C^\bullet$ est acyclique en degré n . Si $C^\bullet$ est acyclique en tout degré, on dira simplement qu'il est acyclique.

Un morphisme de complexes $u_\bullet : C^\bullet \to C'^\bullet$ est une collection d'applications $\mathbb{C}$-linéaires $\{u_n\}_{n \in \mathbb{Z}}$, rendant commutatif le diagramme :

$$\begin{array}{ccccccc}
\cdots \to E_{n-1} & \xrightarrow{d_{n-1}} & E_n & \xrightarrow{d_n} & E_{n+1} & \to \cdots \\
\downarrow u_{n-1} & & \downarrow u_n & & \downarrow u_{n+1} & \\
\cdots \to E'_{n-1} & \xrightarrow{d'_{n-1}} & E'_n & \xrightarrow{d'_n} & E'_{n+1} & \to \cdots .
\end{array}$$

Un morphisme de complexes $u^\bullet : C^\bullet \to C'^\bullet$ induit des applications $\mathbb{C}$-linéaires $H^n(u^\bullet) : H^n(C^\bullet) \to H^n(C'^\bullet)$ $(n \in \mathbb{Z})$.

DEFINITION 0.2. *Si les applications* $H^n(u^\bullet)$ *sont des isomorphismes pour tout* $n \in \mathbb{Z}$, *on dit que* $u^\bullet$ *est un quasi-isomorphisme.*
On dira que $0 \to C'^\bullet \xrightarrow{u^\bullet} C^\bullet \xrightarrow{v^\bullet} C''^\bullet \to 0$ *est une suite exacte courte de complexes si* $u^\bullet$ *et* $v^\bullet$ *sont des morphismes de complexes et si, pour tout* $n \in \mathbb{Z}$, $0 \to E'_n \xrightarrow{u_n} E_n \xrightarrow{v_n} E''_n \to 0$ *est une suite exacte courte de* $\mathbb{C}$-*espaces vectoriels.*

DEFINITION 0.3. *Soit* $C^\bullet$ *un complexe borné de* $\mathbb{C}$-*espaces vectoriels.*
On suppose que $\dim_{\mathbb{C}} H^n(C^\bullet) < +\infty$ (*pour tout* $n \in \mathbb{Z}$). *On définit alors la caractéristique d'Euler-Poincaré*

$$\chi(C^\bullet) = \sum_{n \in \mathbb{Z}} (-1)^n \dim_{\mathbb{C}} H^n(C^\bullet) .$$

PROPOSITION 0.4. *Soit* $0 \to C'^\bullet \xrightarrow{u^\bullet} C^\bullet \xrightarrow{v^\bullet} C''^\bullet \longrightarrow 0$ *une suite exacte courte de complexes bornés à cohomologie de dimension finie. On a :*

$$\chi(C^\bullet) = \chi(C^\bullet) + \chi(C''^\bullet)$$

(additivité de la caractéristique d'Euler-Poincaré).

Pour la démonstration, cf. par exemple SERRE [51].

PROPOSITION 0.5. *Soit* $0 \to C'^{\bullet} \xrightarrow{u^{\bullet}} C^{\bullet} \xrightarrow{v^{\bullet}} C''^{\bullet} \to 0$ *une suite exacte de complexes bornés. Si deux des complexes sont à cohomologie de dimension finie, il en est de même du troisième.*

Pour établir cette Proposition, on utilise la suite exacte longue de cohomologie :

$$\dots \to H^{n-1}(C'^{\bullet}) \to H^{n-1}(C^{\bullet}) \to H^{n-1}(C''^{\bullet}) \xrightarrow{\partial} H^{n}(C'^{\bullet}) \to H^{n}(C^{\bullet}) \to \dots .$$

DEFINITION 0.6. *Soient* E *et* F *deux* $\mathbb{C}$-*espaces vectoriels. On dit qu'une application* $\mathbb{C}$-*linéaire* $u : E \to F$ *est à indice (ou de Fredholm) si* $\operatorname{Ker} u$ *et* $\operatorname{Coker} u$ *sont de dimension finie. L'indice de* u *est alors*
$\chi(u) = \dim \operatorname{Ker} u - \dim \operatorname{Coker} u$.
Si E et F sont de dimension finie, on a
$\chi(u) = \dim E - \dim F$. En particulier, si $E = F$, on a $\chi(u) = 0$.
L'indice de $u : E \to F$ est la caractéristique d'Euler-Poincaré du complexe
$\dots \to 0 \to 0 \to E \xrightarrow{u} F \to 0 \to 0 \to \dots$ (où E est placé en degré 0) .

Exemple : Les opérateurs x et $\frac{d}{dx}$ de $\mathbb{C}[[x]]$ dans lui-même sont à indice, d'indices respectifs -1 et 1 .

LEMME 0.7. *Soient* $E_1,\dots,E_q$, $F_1,\dots,F_q$ *des* $\mathbb{C}$-*espaces vectoriels et* $u_i : E_i \to F_i$ $(i = 1,\dots,q)$ *des applications* $\mathbb{C}$-*linéaires. On pose* :
$E = \bigoplus_{i=1,\dots,q} E_i$, $F = \bigoplus_{i=1,\dots,q} F_i$ et $u = \bigoplus_{i=1,\dots,q} u_i$.

Les deux conditions suivantes sont équivalentes :

(i) *Les* u_i $(i = 1,\dots q)$ *sont des opérateurs à indice.*

(ii) u *est un opérateur à indice.*

De plus, si l'une de ces conditions est satisfaite, on a :

$$\chi(u) = \chi(u_1) + \dots + \chi(u_q) .$$

La proposition suivante est classique (cf. GRISVARD [14]). Nous en ferons un usage essentiel.

PROPOSITION 0.8. *Soient* $u : E \to F$ et $v : F \to G$ *deux opérateurs à indice. Alors* $v \circ u : E \to G$ *est un opérateur à indice et* $\chi(v \circ u) = \chi(v) + \chi(u)$.

Exemple : L'opérateur $x^j \frac{d^i}{dx}$ de $\mathbb{C}[(x)]$ dans lui-même est d'indice $i - j$.

La théorie de l'indice dans les espaces de Banach est basée sur le résultat suivant (dû à F. RIESZ) :

LEMME 0.9. *Soit* E *un espace de Banach. Soit* $K \in \mathcal{L}(E,E)$ *un opérateur compact. Alors* $1_E + K$ *est un opérateur à indice.**

THEOREME 0.10. *Soient* E *et* F *deux espaces de Banach et* $u \in \mathcal{L}(E,F)$.

(i) *Pour que* u *soit à indice, il faut et il suffit qu'il existe une application* $\mathbb{C}$*-linéaire* $v : F \to E$ *telle que* $u \circ v - 1_F$ et $v \circ u - 1_E$ *soient de rang fini. Dans ce cas* v *est à indice et* $\chi(v) = -\chi(u)$. *De plus* v *peut être choisie continue.*

(ii) *Pour que* u *soit à indice, il faut et il suffit qu'il existe* $v \in \mathcal{L}(F,E)$ *telle que* $u \circ v - 1_F$ et $v \circ u - 1_E$ *soient des opérateurs compacts.*

(iii) *Pour que* u *soit à indice, il faut et il suffit que son transposé* u^t *soit à indice. On a alors* $\chi(u^t) = -\chi(u)$**. *Cette assertion reste valable si* E *et* F *sont tous deux du type* FS *ou* DFS.

THEOREME 0.11. *Soient* E *et* F *deux espaces de Banach. L'ensemble des opérateurs à indice est ouvert dans* $\mathcal{L}(E,F)$ *et la fonction* $u \to \chi(u)$ *est localement constante sur cet ensemble* (i.e. *constante sur les composantes connexes*).

Le résultat suivant jouera un rôle fondamental dans la suite (cf. GRISVARD [14]) :

---

* En fait, cet indice est nul (cf. infra).

** Cf. par exemple RAMIS-RUGET [46].

THEOREME 0.12. *Soient* E *et* F *deux espaces de Banach et* $u \in \mathcal{L}(E,F)$ *un opérateur à indice. Soit* $K \in \mathcal{L}(E,F)$ *un opérateur compact. Alors* $u+K$ *est un opérateur à indice et* $\chi(u+K) = \chi(u)$* .

LEMME 0.13. *Soient* E_1, F_1, E_2, F_2 *deux espaces de Banach (resp. de Fréchet ; resp.* D F S)** . *Soit le diagramme commutatif d'application* $\mathbb{C}$- *linéaires continues* :

$$\begin{array}{ccc} E_1 & \xrightarrow{\;u_1\;} & F_1 \\ v\big\downarrow & & \big\downarrow w \\ E_2 & \xrightarrow{\;u_2\;} & F_2 \end{array}$$

On suppose que u_1 *et* u_2 *sont à indice, que* v *est injective et que* w *est injective et d'image dense. Alors* :

(i) *On a une suite exacte* $0 \to \operatorname{Ker} \bar{u}_2 \to E_2/E_1 \xrightarrow{\bar{u}_2} F_2/F_1 \to 0$ *et* $\dim_{\mathbb{C}} \operatorname{Ker} \bar{u}_2 = \chi(u_2) - \chi(u_1)$. (*En particulier* $\chi(u_2) \geq \chi(u_1)$.)

(ii) (v,w) *est un quasi-isomorphisme si et seulement si* $\chi(u_1) = \chi(u_2)$.

(i) L'application u_2 dont l'image est de codimension finie est d'image fermée. (Dans le cas Fréchet, c'est un résultat classique de L. SCHWARTZ. C'est également vrai dans le cas D F S : DIEUDONNE-SCHWARTZ [9]). Ainsi Coker u_2 muni de la topologie quotient est un espace vectoriel topologique de dimension finie (donc muni de la topologie usuelle) et l'application $F_1 \to \operatorname{Coker} u_2$ est d'image dense, donc surjective. La surjectivité de $\bar{u}_2$ en résulte. Le diagramme commutatif (dont les colonnes sont exactes) :

---

* On prendra garde au fait que la dimension des noyaux (resp. des conoyaux de u et $u+K$ ne sont pas en général les mêmes.

** On prend E_1, F_1 (resp. E_2, F_2) du même type, mais on peut mélanger les types.

$$\begin{array}{ccccccc}
0 & \longrightarrow & 0 & \longrightarrow & 0 & \longrightarrow & 0 \\
\downarrow & & \downarrow & & \downarrow & & \downarrow \\
0 & \longrightarrow & E_1 & \xrightarrow{u_1} & F_1 & \longrightarrow & 0 \\
\downarrow & & \downarrow & & \downarrow & & \downarrow \\
0 & \longrightarrow & E_2 & \xrightarrow{u_2} & F_2 & \longrightarrow & 0 \\
\downarrow & & \downarrow & & \downarrow & & \downarrow \\
0 & \longrightarrow & E_2/E_1 & \xrightarrow{\bar{u}_2} & F_2/F_1 & \longrightarrow & 0 \\
\downarrow & & \downarrow & & \downarrow & & \downarrow \\
0 & \longrightarrow & 0 & \longrightarrow & 0 & \longrightarrow & 0
\end{array}$$

peut être interprété comme une suite exacte de complexes. Par additivité de la caractéristique d'Euler-Poincaré et d'après la proposition 0.5., on en déduit $\dim_{\mathbb{C}} \operatorname{Ker} \bar{u}_2 < +\infty$ et $(\dim_{\mathbb{C}} \operatorname{Ker} \bar{u}_2 - 0) + \chi(u_1) = \chi(u_2)$, d'où

$$\dim_{\mathbb{C}} \operatorname{Ker} \bar{u}_2 = \chi(u_2) - \chi(u_1) .$$

b) La suite exacte longue de cohomologie s'écrit :

$$0 \to \operatorname{Ker} u_1 \to \operatorname{Ker} u_2 \to \operatorname{Ker} \bar{u}_2 \to \operatorname{Coker} u_1 \to \operatorname{Cocker} u_2 \to 0 \to \dots .$$

Si $\chi(u_2) = \chi(u_1)$, on a $\operatorname{Ker} \bar{u}_2 = 0$ (d'après (ii)), d'où

$$\operatorname{Ker} u_1 \xrightarrow{\sim} \operatorname{Ker} u_2 \quad \text{et} \quad \operatorname{Coker} u_1 \xrightarrow{\sim} \operatorname{Coker} u_2 .$$

Inversement si (v,w) est un quasi-isomorphisme, on a évidemment $\chi(u_1) = \chi(u_2)$.

Nous ferons également usage du

LEMME 0.14. Soient E et F deux espaces de Banach et $u,v : E \to F$ deux applications linéaires. Soient $E' \subset E$, $F' \subset F$ deux sous-espaces de dimension finie, avec $u(E') \subset F'$, $v(E') \subset F'$. Soient $\bar{u} : E/E' \to F/F'$ et $\bar{v} : E/E' \to F/F'$. On suppose que $\bar{u}$ est un isomorphisme et que $\|\bar{u}^{-1}\| \, \|\bar{v}\| < 1$. Alors l'application $u+v$ est à indice, d'indice $\dim E' - \operatorname{din} F'$.

On a en effet $\bar{u}^{-1}(\bar{u}+\bar{v}) = \mathrm{id}_{F/F'} + \bar{u}^{-1}\,\bar{v} = \mathrm{id}_{F/F'} + \bar{w}$, avec $\|w\| < 1$. On en déduit que $\bar{u}^{-1}(\bar{u}+\bar{v})$ (et donc $\bar{u}+\bar{v}$) est un isomorphisme, d'où le résultat.

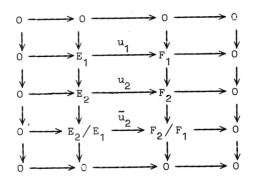

I. THEOREMES D'INDICES DANS LES ESPACES DE SERIES FORMELLES GEVREY.

1. POLYGONE DE NEWTON - POLYNOMES CARACTERISTIQUES.

Nous allons étudier des opérateurs différentiels de la forme

$$D = a_m(x)\left(\frac{d}{dx}\right)^m + \dots + a_i(x)\left(\frac{d}{dx}\right)^i + \dots + a_o(x)\ , \text{ où } \ a_i \in \mathbb{C}[[x]][x^{-1}]\ .$$

On note

$$a_i(x) = \sum_{j \in \mathbb{Z}} a_{i,j} x^j\ .$$

Soit $\mathcal{J}^+ = \{(u,v) \in \mathbb{R}^2 / u \le 0\ , v \ge 0\}$ le deuxième quadrant de $\mathbb{R}^2$. On pose, pour $(u,v) \in \mathbb{R}^2$, $\mathcal{J}^+(u,v) = (u,v) + \mathcal{J}^+$. Soit $M^+(D)$ la réunion des quadrants $\mathcal{J}^+(i,j-i)$ pour $i \in [0,m]$, $j \in \mathbb{Z}$ et $\alpha_{i,j} \neq 0$.

Soit $\mathcal{J}^- = \{u,v) \in \mathbb{R}^2 / u \le 0\ , v \le 0\}$ le troisième quadrant de $\mathbb{R}^2$.

On pose $\mathcal{J}^-(u,v) = (u,v) + \mathcal{J}^-$.

Soit $M^-(D)$ la réunion des quadrants $\mathcal{J}^-(i,j-i)$ pour $i \in [0,m]$, $j \in \mathbb{N}$ et $\alpha_{i,j} \neq 0$.

On note $P^+(D)$ l'enveloppe convexe de $M^+(D)$ et $P^-(D)$ celle de $M^-(D)$.

DEFINITION 1.1.1. (cf. RAMIS [41]).

On appelle polygone de Newton de D le convexe $P(D) = P^+(D) \cap P^-(D)$. Si D possède au moins un coefficient a_i n'appartenant pas à $\mathbb{C}[x,x^{-1}]$, on vérifie immédiatement que $P^-(D) =]-\infty,m] \times \mathbb{R}$ et que, par suite, $P(D) = P^+(D)$. Il n'en est pas de même si D est à coefficients tous "algébriques" ($a_i \in \mathbb{C}[x,x^{-1}]$; $i = 0,\dots,m$).

Nous noterons $0 < k_1 < \dots < k_\ell$ les pentes des côtés de $P^+(D)$. Nous poserons $s_j = 1 + \frac{1}{k_j}$ $(j = 1,\dots,\ell)$. Les k_j et les s_j $(j = 1,\dots,\ell)$ sont évidemment rationnels. Le rationnel k_ℓ est l'invariant de KATZ de P. DELIGNE [8] ; nous noterons $k_\ell = k(D)$.

Nous désignerons par ℓ_o la longueur de la partie horizontale positive du bord de $P^+(D)$, par ℓ_j la longueur de la projection sur l'axe des abcisses du côté de pente k_j du bord de $P^+(D)$.

LEMME 1.1.2. Le changement de variables $x = t^q$ $(q \in \mathbb{N}^*)$ transforme l'opérateur D en l'opérateur D_t :

(i) On passe de $P(D)$ à $P(D_t)$ par l'affinité $(x,y) \to (x,qy)$;

(ii) On a $k(D_t) = qk(D)$.

LEMME 1.1.3. (MALGRANGE [31]).

On a $P(D_1D_2) = P(D_1) + P(D_2)$.

Pour $k \in \mathbb{R}_*^+$ fixé, on définit sur les monomes de $\mathbb{C}[[x]][x^{-1}][\frac{d}{dx}]$ le poids (cf. MALGRANGE [31]) :

$w_k(x^j \frac{d^i}{dx}) = j-(k+1)i$ (ordonnée à l'origine de la droite de pente k passant par le point $(i,j-i)$) .

On associe à ce poids la valuation :

$v_k(D) = \text{Inf}$ des poids des monomes de D , pour $D \neq 0$;

$v_k(0) = +\infty$.

On a en particulier, si $k \in \mathbb{N}$: $w_k(x^{k+1} \frac{d}{dx}) = v_k(x^{k+1} \frac{d}{dx}) = 0$.

Nous désignerons par $\sigma_k(D)$ la somme des monomes de valuation minimale de D . On a $v_k(D-\sigma_k(D)) > v_k(D)$ et $v_k(\sigma_k(D)) = v_k(D)$.
L'étude de $\sigma_k(D)$ permet de reconstituer le polygone de Newton $P^+(D)$: les pentes des côtés de $P^+(D)$ sont les k tels que $\sigma_k(D)$ soit la somme d'au moins deux monomes. Si nous désignons par $(i_1(k)\ ,\ j_1(k)-i_1(k))$ et $(i_2(k)\ ,\ j_2(k)-i_2(k))$ l'origine et l'extrémité du côté de pente k de $P^+(D)$ $(i_1(k) < i_2(k))$, le monome de plus bas degré (en $\frac{d}{dx}$) de $\sigma_k(D)$ est de la forme $\alpha_{i_1(k),j_1(k)} x^{j_1(k)} \frac{d^{i_2(k)}}{dx}$ et celui de plus haut degré de la forme $\alpha_{i_2(k),j_2(k)} x^{j_2(k)} \frac{d^{i_2(k)}}{dx}$. (On a $j_1(k) = v(a_{i_1(k)})$ et $j_2(k) = v(a_{i_2(k)})$) .
Si k est "générique" : $k \neq k_1,\dots,k_\ell$, $\sigma_k(D)$ est réduit au monome $\alpha_{i(k),j(k)} x^{j(k)} \frac{d^{i(k)}}{dx}$; $i(k)$ et $j(k)$ restant constants pour $k \in [k_j, k_{j+1}[$.

La droite d'appui de pente $k>0$ sur $P^+(D)$ a pour équation $y-kx-v_k(D)=0$.
Si k est générique, elle rencontre $P^+(D)$ en l'unique point $(i(k),j(k))$.
Si $k=k_1,\dots,k_\ell$, elle rencontre $P^+(D)$ suivant le segment joignant $(i_1(k), j_1(k))$ à $(i_2(k), j_2(k))$.
On étend la définition de w_k et v_k aux cas où $k=0$ et $k=+\infty$ par :

$$w_o(x^j \frac{d^i}{dx}) = j-i \quad \text{et} \quad w_{+\infty}(x^j \frac{d^i}{dx}) = -i$$

($w_{+\infty}$ est obtenu en faisant tendre k vers $+\infty$ dans * $\frac{1}{k} w_k$).
Rappelons maintenant la définition des équations déterminantes (cf. par exemple MALGRANGE [31], ROBBA [50]).**
Soit k l'un des $k_1,\dots,k_\ell$.
Nous commencerons par le cas (plus simple) où $k\in\mathbb{N}^+_*$.
Quitte à multiplier D par un facteur x^n $(n\in\mathbb{Z})$ convenable, on peut supposer que $v_k(D) = 0$ (i.e. la droite d'appui de pente k passe par $(0,0)$).
La valuation v_k est ici à valeurs dans $\mathbb{Z}$. On considère maintenant sur $\mathbb{C}[(x)][x^{-1}][\frac{d}{dx}] = \hat{\mathcal{D}}$, la filtration : $F_nT = \{T\in\hat{\mathcal{D}}/v_k(T)\geq n\}$ $(n\in\mathbb{Z})$.

Le gradué associé est commutatif $((x^j \frac{d^i}{dx})(x^{j'} \frac{d^{i'}}{dx}) = x^{j+j'} \frac{d^{i+i'}}{dx}$ + termes de k-poids supérieur).

Désignons respectivement par ξ et ζ les images de x et $\frac{d}{dx}$ dans le gradué associé. Posons $\tau = \xi^{k+1}\zeta$ (image de $x^{k+1}\frac{d}{dx}$). L'image de la partie isobare de poids minimal de D (i.e. $\sigma_k(D)$) est un polynôme en τ à coefficients constants. Ce polynôme s'écrit de manière unique $\tau^r p_k(\tau)$, avec $r\in\mathbb{N}$ et $p_k(\tau)\in\mathbb{C}[\tau]$, à terme constant non nul. (On a $r = i_1(k)$).
Nous dirons que $p_k(\tau)$ est le polynôme caractéristique et que $p_k(\tau)=0$ est l'équation déterminante associés à la pente k de $p^+(D)$.
Passons maintenant au cas $k\in\mathbb{Q}^+_* - \mathbb{N}$. On écrit $k = \frac{p}{q}$ irréductible $(p,q\in\mathbb{N}^*$; $q>1)$; v_k est à valeurs dans $\frac{1}{q}\mathbb{Z}$.

---

* La valuation $\frac{v^k}{k}$ est en fait plus "naturelle" que v_k, cf. ci-dessous.

** Pour une discussion "concrète" sur les caractéristiques multiples, C. [61].

On considère maintenant sur $\hat{\mathcal{D}}$ la filtration : $F_{n/q}T = \{T \in \hat{\mathcal{D}} / vk(T) \geq n/q\}$ $(n \in \mathbb{Z})$. Le gradué associé est commutatif. On le décrit (MALGRANGE [31](3.1)) de la façon suivante : c'est le sous-anneau $\mathbb{C}_q[\sigma,\tau]$ formé des monomes $\sigma^j\tau^i$ avec q divisant $j+pi$ (le poids étant j/q et le degré i) ; σ est l'"image" de $x^{1/q}$, τ "celle" de $x^{k+1}\frac{d}{dx}$.

L'image de $\sigma_k(D)$ s'interprète comme un polynôme de $\mathbb{C}_q[\sigma,\tau]$. C'est en fait un polynôme en τ et plus précisément un polynôme en τ^q, de la forme $\tau^{qr}\,p_k(\tau) = \tau^{qm}\tilde{p}_k(\tau^q)$, avec $r \in \mathbb{N}$ et $p_k(\tau)$ à terme constant non nul $(qr = i_1(k))$. Nous dirons que $p_k(\tau)$ est le polynôme caractéristique et que $p_k(\tau) = 0$ est l'équation déterminante associés à la pente k de $P^+(D)$.

LEMME 1.1.4. <u>Soit</u> $D \in \hat{\mathcal{D}} = \mathbb{C}[[x]][x^{-1}][\frac{d}{dx}]$. <u>Soit</u> $k>0$ <u>une pente finie de</u> $P^+(D)$. <u>Soit</u> $p_k(\tau) \in \mathbb{C}[\tau]$ <u>le polynôme caractéristique associé. Soit</u> $q_k(\tau) = p_k(\tau)\tau^{i_1(k)}$. <u>On suppose</u> $v_k(D) = 0$.

(i) <u>Si</u> $k \in \mathbb{N}$, D <u>et</u> $q_k(x^{k+1}\frac{d}{dx})$ <u>ont même partie isobare de poids minimal</u> (<u>i.e.</u> 0) :

$$v_k(D - q_k(x^{k+1}\frac{d}{dx})) > 0 .$$

(ii) <u>Si</u> $k \in \mathbb{Q}$, $k = \frac{p}{q}$ <u>irréductible</u> $(p,q \in \mathbb{N},\ q>1)$: $q_k(x^{k+1}\frac{d}{dx})$ <u>a une partie isobare de poids minimal</u> (<u>i.e.</u> 0) <u>appartenant à</u> $\mathbb{C}[x]\,[\frac{d}{dx}]$ <u>et égale à la partie isobare de poids minimal</u> (<u>i.e.</u> 0) <u>de</u> D.

<u>Remarque</u> 1.1.5. Si $v_k(D) \neq 0$, on a $v_k(D) = v(a_{i_1(k)}) - (k+1)i_1(k)$ et il faut remplacer $q_k(x^{k+1}\frac{d}{dx})$ par $x^{v(a_{i_1(k)})-(k+1)i_1(k)}\,q_k(x^{k+1}\frac{d}{dx})$.

L'équation déterminante relative à la pente $k>0$ et $P^+(D)$ s'écrit : $p_k(\tau) = c_k(\tau-\lambda_{k,1})\dots(\tau-\lambda_{k,\ell_k}) = 0$, les racines $\lambda_{k,\ell}$ étant toutes non nulles. Si $k = \frac{p}{q}$ irréductible $(p,q \in \mathbb{N};\ q>1)$, les racines de $p_k(\tau)$ se déduisent des racines de $\tilde{p}_k(\tau^q)$; elles se groupent donc en paquets de q racines (chaque racine d'un paquet se déduisant des autres par multiplication par une racine q-ième de l'unité).

DEFINITION 1.1.6. Soit $D \in \hat{\mathcal{D}}$. Soit $p_k(\tau)$ un polynôme caractéristique pour la pente $k>0$ de $P^+(D)$. A toute racine $\lambda_{k,\iota}$ de $p_k(\tau) = 0$ on associe le réel positif $A_{k,\iota} = |\lambda_{k,\iota}|^{-1/k} (\iota = 1,\dots,\ell_k)$. On dit que $A_{k,\iota}$ est une k-caractéristique $A_{k,\iota}$ de D. La multiplicité $\alpha(A_{k,\iota})$ de la k-caractéristique $A_{k,\iota}$ est la somme des multiplicités des racines de l'équation déterminante (relative à k) dont le module est $A_{k,\iota}^{-k}$.

DEFINITION 1.1.7. Soit $D \in \hat{\mathcal{D}}$. Le polygone de Newton $P^+(\hat{\mathcal{D}})$, les k-caractéristiques et leur multiplicités $(k = k_1,\dots,k_\ell)$ sont appelés invariants indiciels de D.

On verra plus loin (p. 54) que les invariants indiciels sont invariants par similitude formelle (ce sont des invariants formels, ne dépendant que du $\hat{\mathcal{D}}$-module à gauche $\hat{\mathcal{D}}/\hat{\mathcal{D}} D$, à isomorphisme près).

Si $D \in \mathbb{C}\{x\} [\frac{d}{dx}]$, la connaissance des invariants formels permet de calculer les indices de D dans les espaces de séries formelles Gevrey et Gevrey précisés. Inversement la connaissance de ces indices redonne les invariants formels. (On retrouve ainsi l'invariance, mais seulement analytique). Il est commode de disposer du comportement des invariants indiciels par "ramification" : $x = t^r$ $(r \in \mathbb{N}^*)$. (Nous avons déjà vu que P^+ était transformé par affinité verticale de rapport r (lemme 1.1.2.).)

LEMME 1.1.8. Soit $D \in \hat{\mathcal{D}} = \mathbb{C}[[x]][x^{-1}][\frac{d}{dx}]$. Par "ramification" $x = t^r (r \in \mathbb{N}^*)$ D est transformé en $D_t \in \hat{\mathcal{D}}_t = \mathbb{C}[[t]][t^{-1}][\frac{d}{dx}]$.

(i) On passe du polynôme caractéristique $p_k(\tau)$ associé à la pente $k>0$ de $P^+(D)$ au polynôme caractéristique $p_{t;kr}(\eta)$ associé à la pente kr de $P^+(D_t)$ en remplaçant τ par $\frac{1}{r}\eta$.

(ii) On passe d'une k-caractéristique $A_{k,\iota}$ de D à une kr-caractéristique $B_{kr,\iota}$ de D_t par $B_{kr,\iota} = r^{-\frac{1}{rk}} A_{k,\iota}^{1/r}$. Les multiplicités sont conservées : $\alpha(B_{kr,\iota}) = \alpha(A_{k,\iota})$.

On peut en particulier toujours se ramener pour le calcul des invariants formels au cas où k est entier. Le lemme 1.1.8. est immédiat à partir de

$$t \frac{d}{dt} = rx \frac{d}{dx} , \quad t^{kr+1} \frac{d}{dt} = rx^{k+1} \frac{d}{dx} .$$

Remarque 1.1.9. Si $k = \frac{p}{q}$ irréductible $(p,q \in \mathbb{N} ; q>1)$, les multiplicités $\alpha(A_{k,l})$ des k - caractéristiques $A_{k,l}$ sont toutes des multiples de q . (Nous avons vu plus haut que les racines de l'équation déterminante peuvent être groupées en paquets de q racines de même module).

Terminons par le cas des côtés horizontaux et verticaux de $P^+(D)$. Les équations déterminantes sont respectivement l'équation indicielle (cf. méthode de Fuchs), de degré ℓ_o , et l'équation $a_m(x) = 0$. Cette dernière équation peut avoir une infinité de racines dans le domaine de définition de a_m . Les modules de ces racines jouent le rôle d'∞- caractéristiques pour D .

Pour $k = \infty$, on a $\sigma_\infty(D) = a_m(x) (\frac{d}{dx})^m$ qui donne dans le gradué associé à la filtration par le degré le symbole $a_m(x) \xi^m$ de D . De même, pour $k>0$, les images des $\sigma_k(D)$ dans le gradué associé défini plus haut (filtration par la valuation v_k) jouent le rôle de "k - symboles" de D .

2. ESPACES GEVREY DE SERIES FORMELLES.

On se reportera pour plus de détails et les démonstrations à [41] et [42] , et ultérieurement à [43] et [45].

DEFINITION 1.2.1. *Soit* $\hat{f} \in \mathbb{C}[[x]]$, $\hat{f}(x) = \sum_{n \in \mathbb{N}} a_n x^n$. *Soient* s et $A>0$. *S'il existe* $C>0$ *tel que* $|a_n| < C(n!)^{s-1} A^n$, *pour tout* $n \in \mathbb{N}$, *on dira que* $\hat{f}$ *est Gevrey d'ordre* s *et d'ordre précisé* (s,A) .
Si $\hat{f}$ est d'ordre précisé (s,A) , on notera $f \in \mathbb{C}[[x]]_{s,A}$.
On pose :

$$\mathbb{C}[[x]]_{(s,A+)} = \bigcap_{B>A} \mathbb{C}[[x]]_{s,B} ;$$

$$\mathbb{C}[[x]]_{s,A-} = \bigcup_{b<A} \mathbb{C}[[x]]_{s,B} ;$$

$$\mathbb{C}[[x]]_{(s)} = \bigcap_{A>o} \mathbb{C}[[x]]_{s,A} ;$$

$$\mathbb{C}[[x]]_s = \bigcup_{A>0} \mathbb{C}[[x]]_{s,A} ;$$

Pour $s = 1$, on a :

$$\mathbb{C}[[x]]_1 = \mathbb{C}\{x\} ; \mathbb{C}[[x]]_{(1)} = \mathcal{O}(\mathbb{C}) \quad \text{(fonctions en-}$$

tières) ;

$$\mathbb{C}[[x]]_{1,A^-} = \mathcal{O}(\bar{D}(1/A)) \quad \text{et} \quad \mathbb{C}[[x]]_{(1,A+)} = \mathcal{O}(D(1/A))$$

$$(D(1/A) = \{x \in \mathbb{C} / |x| < 1/A\}) .$$

On note :

$$\mathbb{C}[[x]]_{+\infty} = \mathbb{C}[[x]] ; \mathbb{C}[[x]]_{-\infty} = \mathbb{C}[x] .$$

DEFINITION 1.2.2. <u>Soient</u> $s \in \mathbb{R}$ <u>et</u> $k = \frac{1}{s-1}$. <u>Si</u> $\hat{f} \in \mathbb{C}[[x]]_s$, <u>la</u> k-<u>caractéristique de</u> $\hat{f}$ <u>est</u>

$$\limsup \left(|a_m|(n!)^{1-s}\right)^{1/m} \in [0,+\infty] .$$

On vérifie immédiatement que si $\hat{f} \in \mathbb{C}[[x]]_{(s,A+)}$, la k-caractéristique est $\le A$.

La ∞-caractéristique est l'inverse du rayon de convergence*.

Les $\mathbb{C}$-espaces vectoriels $\mathbb{C}[[x]]_s$, $\mathbb{C}[[x]]_{(s)}$, $\mathbb{C}[[x]]_{(s,A+)}$, $\mathbb{C}[[x]]_{s,A-}$ sont des $\mathbb{C}$-algèbres stables par dérivation.

On a une double filtration ($s \in \mathbb{R}$ et $A \in \mathbb{R}_*^+$) :

$$\mathbb{C}[[x]]_{(s)} \subset \mathbb{C}[[x]]_{s,A-} \subset \mathbb{C}[[x]]_{(s,A+)} \subset \mathbb{C}[[x]]_s$$

(qui est exhaustive et séparée).

Nous noterons $\mathcal{D}_s$ (resp. $\mathcal{D}_{(s)}$ l'algèbre des opérateurs différentiels de la forme $D = a_m(x) (\frac{d}{dx})^n + \dots + a_0(x)$, avec $a_i \in \mathbb{C}[[x]]_s$ (resp. $\mathbb{C}[[x]]_{(s)}$) .

Nous poserons $\mathcal{D}_1 = \mathcal{D}$ et $\mathcal{D}_\infty = \hat{\mathcal{D}}$.

Si $s_0 \le s$, $D \in \mathcal{D}_{s_0}$ opère sur $\mathbb{C}[[x]]_s$ et $D \in \mathcal{D}_{(s_0)}$ opère sur $\mathbb{C}[[x]]_s$, $\mathbb{C}[[x]]_{(s)}$, $\mathbb{C}[[x]]_{(s,A+)}$ et $\mathbb{C}[[x]]_{s,A-}$.

---

* Pour $s<1$, $\hat{f} \in \mathbb{C}[[x]]_s$ est une fonction entière, $\frac{1}{1-s} = -k$ est son ordre et si sa k-caractéristique est A , son type est

$$\tau = 1/_{|k|} A^{|k|} \quad \text{(cf. RAMIS [43], [45])} .$$

Si $s_o < s$, $D \in \mathcal{D}_{s_o}$ opère sur $\mathbb{C}[[x]]_{(s)}$, $\mathbb{C}[[x]]_{(s,A+)}$ et $\mathbb{C}[[x]]_{s,A-}$.
Le but essentiel de cet article est d'établir que si $s_o \geq 1$ (resp. $s_o > 1$, selon les cas) l'opérateur associé à D est à indice* et de calculer cet indice en fonction des invariants indiciels.
(Le calcul de l'indice ne fera donc intervenir que le polygone de Newton $P^+(D)$, les k - caractéristiques associées aux pentes de ses côtés et les multiplicités correspondantes).
Pour D à coefficients dans $\mathbb{C}[x]$ les résultats s'étendent à s_o quelconque ($s_o \in [-\infty, +\infty]$) , avec une généralisation convenable des invariants indiciels (qui ne sont plus invariants que par similitude "algébrique").

3. TOPOLOGIES ET FILTRATIONS PAR DES ESPACES DE BANACH.

Soient $s \in \mathbb{R}$ $(k = \frac{1}{s-1} \in \mathbb{R} \cup \{\infty\})$, $\rho \in \mathbb{R}_+^*$, $\mu \in \mathbb{R}$.

On associe à (s,ρ,μ) l'isomorphisme de $\mathbb{C}$ - espaces vectoriels :

$$\mathbb{C}[[x]] \xrightarrow{\psi_{k,\rho,\mu}} \mathbb{C}[[x]] \text{ , avec}$$

$$\sum_{n \in \mathbb{N}} a_n x^n \overset{\psi_{k,\rho,\mu}}{\longmapsto} \sum_{n \in \mathbb{N}} b_n x^n \text{ , où}$$

$$b_n = (n!)^{s-1} \rho^{-n} (1+n)^{-\mu} a_n \text{ .}$$

L'isomorphisme de $\mathbb{C}$ - espaces vectoriels $\mathbb{C}^{\mathbb{N}} \to \mathbb{C}[[x]]$

$$\{a_n\}_{n \in \mathbb{N}} \mapsto \sum_{n \in \mathbb{N}} a_n x^n$$ permet

"d'identifier" ces deux espaces, ce que nous ferons souvent dans la suite.
Nous noterons** $\ell^1_{k,\rho,\mu}$ l'image par l'application $\psi_{k,\rho,\mu}$ de $\ell^1(\mathbb{C}) \subset \mathbb{C}^{\mathbb{N}}$.

---

* Ce n'est plus vrai en général pour $s_o < 1$ (cf. page 83).

** Ces espaces jouent ici le rôle des espaces H_s de la théorie classique, le lemme 1.3.1. remplaçant le théorème d'Ascoli.

L'isomorphisme de $\mathbb{C}$ - espaces vectoriels

$$\ell^1_{k,\rho,\mu} \xleftarrow{\psi_{k,\rho,\mu}} \ell^1(\mathbb{C})$$

permet de transporter sur $\ell^1_{k,\rho,\mu}$ la norme de ℓ^1 ; $\ell^1_{k,\rho,\mu}$ et ainsi muni d'une structure d'espace de Banach. (On notera $\|.\|_{k,\rho,\mu}$ la norme correspondante).

LEMME 1.3.1. <u>Soit</u> $\Lambda = \{\lambda_n\}_{n\in\mathbb{N}}$ <u>une suite de nombres complexes tendant vers</u> 0 .

<u>L'application</u> $\ell^1(\mathbb{C}) \xrightarrow{u} \ell^1(\mathbb{C})$

$$\{a_n\}_{n\in\mathbb{N}} \longmapsto \{\lambda_n a_n\}_{n\in\mathbb{N}}$$

<u>est compacte</u>.

Soit $N \in \mathbb{N}$. On écrit $u = u_N + v_N$, avec

$$u_N(\{a_n\}_{n\in\mathbb{N}}) = (\lambda_o a_o , \lambda_1 a_1, \dots, \lambda_N a_N, 0, 0, \dots, 0, \dots) \quad \text{et}$$

$$v_N(\{a_n\}_{n\in\mathbb{N}}) = (0, 0, \dots, 0, \lambda_{N+1} a_{N+1}, \lambda_{N+2} a_{N+2}, \dots) .$$

Si $\|\{a_n\}_{n\in\mathbb{N}}\|_1 \leq 1$, on a, pour N assez grand, $|\lambda_{N+p}| < \varepsilon$ $(p \in \mathbb{N})$ et $\|v_N(\{a_n\}_{n\in\mathbb{N}})\| < \varepsilon$, donc $\|v_n\| < \varepsilon$. Il en résulte que u est limite d'applications de rang fini, donc compacte.

La démonstration du lemme suivant est laissée au lecteur (cf. par exemple DOUADY R. [10]).

LEMME 1.3.2. <u>Soient</u> $s \in \mathbb{R}$, $\mu \in \mathbb{R}$. <u>Si</u> $\rho_1 > \rho_2$, <u>l'injection naturelle</u> $\ell^1_{k,\rho_1,\mu} \to \ell^1_{k,\rho_2,\mu}$ <u>est</u> $\mathbb{C}$ - <u>linéaire continue nucléaire et d'image dense</u>.

LEMME 1.3.3. <u>Soient</u> $s \in \mathbb{R}$ et $\rho \in \mathbb{R}^+$. <u>Si</u> $\mu_1 > \mu_2$, <u>l'injection naturelle</u> $\ell^1_{k,\rho,\mu_1} \to \ell^1_{k,\rho,\mu_2}$ <u>est</u> $\mathbb{C}$ - <u>linéaire continue et compacte</u>.

Soit v l'injection naturelle

$$\ell^1_{k,\rho,\mu_1} \to \ell^1_{k,\rho,\mu_2} .$$

On a un diagramme commutatif

$$\begin{array}{ccc} \ell^1_{k,\rho,\mu_1} & \xrightarrow{\ \ v\ \ } & \ell^1_{k,\rho,\mu_2} \\ {\scriptstyle \psi_{k,\rho,\mu_1}}\uparrow\wr & & \wr\uparrow{\scriptstyle \psi_{k,\rho,\mu_2}} \\ \ell^1(\mathbb{C}) & \xrightarrow{\ \ u\ \ } & \ell^1(\mathbb{C}) \end{array}$$

On vérifie immédiatement que

$$u(\{a_n\}_{n\in\mathbb{N}}) = \{(1+n)^{-\mu_1+\mu_2} a_n\}_{n\in\mathbb{N}} \ .$$

Si $\mu_1 > \mu_2$, la suite $\{(1+n)^{-\mu_1+\mu_2} a_n\}_{n\in\mathbb{N}} = 1$ tend vers 0 et on applique le lemme 1.3.1.

Pour $R > 0$, on note $D(R) = \{x \in \mathbb{C} / |x| < R\}$.

On a des isomorphismes :

$$\mathbb{C}[[x]]_s \xrightarrow{\psi^{-1}_{k,\rho,\mu}} \mathbb{C}\{x\} \ ;$$

$$\mathbb{C}[[x]]_{(s)} \xrightarrow{\psi^{-1}_{k,\rho,\mu}} \mathcal{O}(\mathbb{C}) \ ;$$

$$\mathbb{C}[[x]]_{(s,A+)} \xrightarrow{\psi^{-1}_{k,\rho,\mu}} \mathcal{O}(D(\rho/A)) \ ;$$

$$\mathbb{C}[[x]]_{s,A-} \xrightarrow{\psi^{-1}_{k,\rho,\mu}} \mathcal{O}(\overline{D(\rho/A)}) \ .$$

Ces isomorphismes permettent de transporter sur

$\mathbb{C}[[x]]_s$ et $\mathbb{C}[[x]]_{s,A-}$ (resp. $\mathbb{C}[[x]]_{(s)}$ et $\mathbb{C}[[x]]_{(s,A+)}$) les topologies D F N (resp. F N) de $\mathbb{C}\{x\}$ et $\mathcal{O}(\overline{D(\rho/A)})$ (resp. $\mathcal{O}(\mathbb{C})$ et $\mathcal{O}(D(\rho/A))$.

LEMME 1.3.4. *Soient* $s \in \mathbb{R}$, $\mu \in \mathbb{R}$, $A > 0$ *fixés*.

(i) *On a* $\mathbb{C}[[x]]_s = \varinjlim_{\rho > 0} \ell^1_{k,\rho,\mu}$, *la topologie limite inductive coïncidant avec la topologie* D F N *définie plus haut* ;

(ii) *On a* $\mathbb{C}[[x]]_{(s)} = \varprojlim_{\rho > 0} \ell^1_{k,\rho,\mu}$, *la topologie limite projective coïncidant avec la topologie* F N *définie plus haut* ;

(iii) On a $\mathbb{C}[[x]]_{s,A-} = \varinjlim_{\rho > 1/A} \ell^1_{k,\rho,\mu}$, la topologie limite inductive coïncidant avec la topologie D F N définie plus haut ;

(iv) On a $\mathbb{C}[[x]]_{(s,A+)} = \varprojlim_{\rho < 1/A} \ell^1_{k,\rho,\mu}$, la topologie limite projective coïncidant avec la topologie F N définie plus haut ;

DEFINITION 1.3.5. Soient $s \in \mathbb{R}, \mu \in \mathbb{R}, \nu \in \mathbb{R}, A > 0$ fixés.

Soit T un endomorphisme continu de $\mathbb{C}[[x]]_s$ (resp. $\mathbb{C}[[x]]_{(s)}$; resp. $\mathbb{C}[[x]]_{s,A-}$; resp. $\mathbb{C}[[x]]_{(s,A+)}$) .

Nous dirons que T est un (μ,ν) - opérateur s'il existe des applications $\mathbb{C}$ - linéaires continues :

$T_{k,\rho,\mu,\nu} : \ell^1_{k,\rho,\mu} \to \ell^1_{k,\rho,\mu+\nu}$, pour $0 < \rho < \rho_o$ convenable (resp. $\rho > \rho_o$ convenable ; resp. $1/A < \rho < \rho_o$ convenable ; resp. $1/A > \rho > \rho_o$ convenable) rendant commutatifs les diagrammes

$$\begin{array}{ccc} \ell^1_{k,\rho,\mu} & \xrightarrow{T_{k,\rho,\mu,\nu}} & \ell^1_{k,\rho,\mu+\nu} \\ \downarrow & & \downarrow \\ \mathbb{C}[[x]]_s & \xrightarrow{T} & \mathbb{C}[[x]]_s \end{array} \quad \text{(resp. ...)} .$$

Remarquons que si $\nu_1 > \nu_2$, tout (μ,ν_1) opérateur est un (μ,ν_2) opérateur.

PROPOSITION 1.3.6. Soient $s \in \mathbb{R}$, $\mu \in \mathbb{R}$, $\nu \in \mathbb{R}$, $A > 0$ fixés.
Soit $T : \mathbb{C}[[x]]_s \to \mathbb{C}[[x]]_s$ (resp. $T : \mathbb{C}[[x]]_{(s)} \to \mathbb{C}[[x]]_{(s)}$; resp. $T : \mathbb{C}[[x]]_{s,A-} \to \mathbb{C}[[x]]_{s,A-}$; resp. $T : \mathbb{C}[[x]]_{(s,A+)} \to \mathbb{C}[[x]]_{(s,A+)}$) un (μ,ν) - opérateur.
On suppose que chacun des $T_{k,\rho,\mu,\nu}$ est à indice, d'indice $\chi(T_{k,\rho,\mu,\nu})$ indépendant de ρ , pour $0 < \rho < \rho_o$ (resp. $\rho > \rho_o$; resp. $1/A < \rho < \rho_o$; resp. $0 < \rho_o < \rho < 1/A$) . Alors l'opérateur T est à indice, d'indice

$$\chi(T) = \chi(T_{k,\rho,\mu,\nu}) .$$

Cette proposition découle immédiatement du Lemme 1.3.8. établi ci-dessous, compte tenu du fait que les injections naturelles $\ell^1_{k,\rho_1,\mu} \to \ell^1_{k,\rho_2,\mu}$

sont denses.

Nous travaillerons avec des limites inductives et projectives d'espaces de Banach et applications linéaires continues. Dans ce cadre le foncteur $\underrightarrow{\mathrm{Lim}}$ est exact, mais il n'en est pas de même du foncteur $\underleftarrow{\mathrm{Lim}}$. On remédie classiquement à cet inconvénient en imposant des "conditions de Mittag-Leffler :

LEMME 1.3.7.

$$\text{Soit}\quad \begin{array}{ccccccccc} \vdots & & \vdots & & \vdots & & \vdots & & \vdots \\ \uparrow & & \uparrow & & \uparrow & & \uparrow & & \uparrow \\ 0 & \to & G'_n & \overset{\alpha_n}{\to} & G_n & \overset{\beta_n}{\to} & G''_n & \to & 0 \\ \uparrow & & \uparrow{\scriptstyle \varphi'_{n+1,n}} & & \uparrow{\scriptstyle \varphi_{n+1,n}} & & \uparrow{\scriptstyle \varphi''_{n+1,n}} & & \uparrow \\ 0 & \to & G'_{n+1} & \underset{\alpha_{n+1}}{\to} & G_{n+1} & \underset{\beta_{n+1}}{\to} & G''_{n+1} & \to & 0 \\ \uparrow & & \uparrow & & \uparrow & & \uparrow & & \uparrow \\ \vdots & & \vdots & & \vdots & & \vdots & & \vdots \end{array}$$

un système projectif d'espaces de Banach et applications linéaires continues.

On suppose les suites $0 \to G'_n \overset{\alpha_n}{\to} G_n \overset{\beta_n}{\to} G''_n \to 0$ exactes et les applications $G'_{n+1} \overset{\varphi'_{n+1,n}}{\to} G'_n$ d'images denses. Alors la suite

$$0 \to \underset{\overleftarrow{n}}{\mathrm{Lim}}\, G'_n \to \underset{\overleftarrow{n}}{\mathrm{Lim}}\, G_n \to \underset{\overleftarrow{n}}{\mathrm{Lim}}\, G''_n \to 0$$

est exacte.

Ce lemme est une version "abstraite" d'un argument classique de Mittag-Leffler. (Il reste valable pour des espaces de Fréchet : on trouvera dans ce cadre un énoncé un peu plus général dans KOMATSU [18]).

Notons $\|\cdot\|_n$ (resp. $\|\cdot\|'_n$) la norme dans G_n (resp. G'_n), $\|\cdot\|$ celle des opérateurs. Quitte à remplacer les normes par des normes équivalentes, on peut supposer que l'on a $\|\varphi_{n+1,n}\| \leq 1$ et $\|\varphi'_{n+1,n}\| \leq 1$, pour tout $n \in \mathbb{N}$.

Il est bien connu que la suite

$$0 \to \underset{\overleftarrow{n}}{\mathrm{Lim}}\, G'_n \to \underset{\overleftarrow{n}}{\mathrm{Lim}}\, G_n \to \underset{\overleftarrow{n}}{\mathrm{Lim}}\, G''_n \quad \text{est exacte}$$

(exactitude à gauche du foncteur $\varprojlim$). La seule chose à prouver est donc la surjectivité de l'application

$$G = \varprojlim_n G_n \to \varprojlim_n G''_n = G'' .$$

Soit $f'' \in G$. On note $\varphi_n : G \to G_n$ l'application canonique et on pose $f''_n = \varphi_n(f'')$.

On va construire par récurrence sur n une suite $\{f_n\}_{n \in \mathbb{N}}$ vérifiant les conditions $(f_n \in G_n)$:

(a) $\beta_n(f_n) = f''_n$, et

(b) $\|\varphi_{n+1,n}(f_{n+1}) - f_n\|_n < \frac{1}{2^n}$.

Montrons d'abord que cette suite permet de construire un élément $r \in G$ tel que $\beta(r) = f$.

Soit $n_o \in \mathbb{N}$. On définit la suite $\{s_p^{n_o}\}$ par

$$s_p^{n_o} = \varphi_{n_o+p,n_o}(f_{n_o+p}) - \varphi_{n_o+p-1,n_o}(f_{n_o+p-1}) , \text{ pour } p \geq 1 \text{ et } s_{n_o}^{n_o} = f_{n_o} .$$

On a $\|s_p^{n_o}\| \leq \frac{1}{2^{n_o+p-1}}$. La série $\sum_{p \in \mathbb{N}} s_p^{n_o}$ converge donc dans G_{n_o} vers un élément r_{n_o}. On vérifie immédiatement que $\varphi_{n_o+1,n}(r_{n_o+1}) = r_{n_o}$. Par ailleurs

$$\sum_{p=o,\dots,q} s_p = \varphi_{n_o+q,n_o}(f_{n_o+p}) , \text{ d'où } \beta_{n_o}\Big(\sum_{p=o,\dots,q} s_p^{n_o}\Big) =$$

$$= \beta_{n_o} \circ \varphi_{n_o+q,n_o}(f_{n_o+p}) = \varphi''_{n_o+q,n_o}(f''_{n_o+q}) = f''_{n_o} ,$$

pour tout $q \in \mathbb{N}$. En passant à la limite on en déduit que $\beta_{n_o}(r_{n_o}) = f''_{n_o}$.
Il est clair que la suite $\{r_{n_o}\}_{n_o \in \mathbb{N}}$ définit l'élément $r \in G$ cherché : $\beta(r) = f$.

Il reste à construire la suite $\{f_n\}_{n \in \mathbb{N}}$. L'application β_o est surjective ; on choisit $f_o \in G_o$ tel que $\beta_o(f_o) = f''_o$. On suppose ensuite la suite construite jusqu'à l'ordre n. On construit alors f_{n+1} de la façon suivante :

on choisit $g_{n+1} \in G_{n+1}$ tel que $\beta_{n+1}(g_{n+1}) = f''_{n+1}$ (l'application β_{n+1} est surjective). On a $\beta_n(\varphi_{n+1,n}(g_{n+1}) - f_n) = 0$, d'où l'existence de $g'_n \in G'_n$ tel que $\alpha_n(g'_n) = \varphi_{n+1,n}(g_{n+1}) - f_n$.

D'après la densité de l'image de $\varphi'_{n+1,n}$, il existe $t'_{n+1} \in G'_{n+1}$ tel que $g'_n = \varphi'_{n+1,n}(t'_{n+1}) + h'_n$, avec $\|h'_n\|'_n < \dfrac{1}{\|\alpha_n\| 2^n}$.

On pose $f_{n+1} = g_{n+1} - \alpha_{n+1}(t'_{n+1})$.

On a $\varphi_{n+1,n}(f_{n+1}) - f_n = \alpha_n(h'_n)$, d'où :

$$\|\varphi_{n+1,n}(f_{n+1}) - f_n\|_n \leq \frac{1}{2^n} .$$

Par ailleurs $\beta_{n+1}(f_{n+1}) = \beta_{n+1}(g_{n+1}) = f''_{n+1}$. Ceci termine la démonstration du lemme 1.3.7.

La Proposition 1.3.6. résulte clairement du

LEMME 1.3.8.

(i) Soit

$$\begin{array}{ccccc}
 & \vdots & & \vdots & \\
 & \downarrow & u_n & \downarrow & \\
 & E_n & \to & F_n & \\
\psi_{n,n+1} & \downarrow & u_{n+1} & \downarrow & \eta_{n,n+1} \\
 & E_{n+1} & \to & F_{n+1} & \\
 & \downarrow & & \downarrow & \\
 & \vdots & & \vdots &
\end{array}$$

un système inductif d'espaces de Banach et applications linéaires continues. Soient $E = \varinjlim_n E_n$, $F = \varinjlim_n F_n$ et $u = \varinjlim_n u_n$.

On suppose $\psi_{n,n+1}$ et $\eta_{n,n+1}$ injectives et $\eta_{n,n+1}$ d'image dense $(n \in \mathbb{N})$. On suppose u_n à indice, d'indice $\chi(u_n)$ indépendant de $n \in \mathbb{N}$. Alors les applications naturelles $\operatorname{Ker} u_n \to \operatorname{Ker} u$ et $\operatorname{Coker} u_n \to \operatorname{Coker} u$ sont des isomorphismes et $u : E \to F$ est à indice, d'indice $\chi(u) = \chi(u_n)$.

(ii) *Soit*

$$\begin{array}{ccccc} & \vdots & & \vdots & \\ & \uparrow & & \uparrow & \\ & E_n & \xrightarrow{u_n} & F_n & \\ \psi_{n+1,n} & \uparrow & u_{n+1} & \uparrow & \eta_{n+1,n} \\ & E_{n+1} & \rightarrow & F_{n+1} & \\ & \uparrow & & \uparrow & \\ & \vdots & & \vdots & \end{array}$$

un système projectif d'espaces de Banach et applications linéaires continues. Soient $E = \varprojlim_n E_n$, $F = \varprojlim_n F_n$ *et* $u = \varprojlim_n u_n$. *On suppose* $\psi_{n+1,n}$ *et* $\eta_{n+1,n}$ *injectives et d'image dense* $(n \in \mathbb{N})$. *On suppose* u_n *à indice, d'indice* $\chi(u_n)$ *indépendant de* $n \in \mathbb{N}$. *Alors les applications naturelles* $\operatorname{Ker} u \to \operatorname{Ker} u_n$ *et* $\operatorname{Coker} u \to \operatorname{Coker} u_n$ *sont des isomorphismes et* $u : E \to F$ *est à indice, d'indice* $\chi(u) = \chi(u_n)$.

Démontrons (i) :

Du Lemme 0.13 (ii) on déduit que les applications naturelles $\operatorname{Ker} u_n \to \operatorname{Ker} u_{n+1}$ et $\operatorname{Coker} u_n \to \operatorname{Coker} u_{n+1}$ sont des isomorphismes ; d'où les isomorphismes

$$\operatorname{Ker} u_n \tilde{\to} \varinjlim_p \operatorname{Ker} u_p \quad \text{et} \quad \operatorname{Coker} u_n \tilde{\to} \varinjlim_p \operatorname{Coker} u_p \ .$$

On montre ensuite que les applications naturelles $\varinjlim_n \operatorname{Ker} u_n \to \operatorname{Ker} u$ et $\varinjlim_n \operatorname{Coker} u_n \to \operatorname{Coker} u$ sont des isomorphismes. Ceci résulte de l'exactitude du foncteur $\varinjlim$:

Des suites exactes courtes

$0 \to \operatorname{Ker} u_n \to E_n \to E_n/\operatorname{Ker} u_n \to 0$ et

$0 \to \operatorname{Im} u_n \to F_n \to \operatorname{Coker} u_n \to 0$, on déduit par passage à la limite inductive les suites exactes courtes

$$0 \to \varinjlim_n \operatorname{Ker} u_n \to E \to \varinjlim_n (E_n/\operatorname{Ker} u_n) \to 0$$

et $0 \to \varinjlim_n \operatorname{Im} u_n \to F \to \varinjlim_n \operatorname{Coker} u_n \to 0$, d'où la suite exacte courte

$$0 \to \varinjlim_n \operatorname{Ker} u_n \to E \overset{u}{\to} F \to \varinjlim_n \operatorname{Coker} u_n \to 0$$

et le résultat.

Passons à (ii) :

On déduit du Lemme 0.13 (ii) les isomorphismes

$$\varprojlim_p \operatorname{Ker} u_p \xrightarrow{\sim} \operatorname{Ker} u_n \quad \text{et} \quad \varprojlim_p \operatorname{Coker} u_p \xrightarrow{\sim} \operatorname{Coker} u_n$$

comme pour (i) .

On montre ensuite que les applications naturelles

$$\operatorname{Ker} u \to \varprojlim_n \operatorname{Ker} u_n \quad \text{et} \quad \operatorname{Coker} u \to \varprojlim_n \operatorname{Coker} u_n$$

sont des isomorphismes.

On a des suites exactes courtes d'espaces de Banach :

$$0 \to \operatorname{Ker} u_n \to E_n \to E_n / \operatorname{Ker} u_n \to 0$$

$$0 \to \operatorname{Im} u_n \to F_n \to \operatorname{Coker} u_n \to 0$$

(u_n étant un homomorphisme, $E_n / \operatorname{Ker} u_n \to \operatorname{Im} u_n$ est un isomorphisme d'espaces de Banach).

Les applications $\operatorname{Ker} u_{n+1} \to \operatorname{Ker} u_n$ et $\operatorname{Im} u_{n+1} \to \operatorname{Im} u_n$ sont d'images denses : la première est un isomorphisme ; on remplace la seconde par $E_{n+1} / \operatorname{Ker} u_{n+1} \to E_n / \operatorname{Ker} u_n$ et on utilise la densité de $E_{n+1} \xrightarrow{\psi_{n+1,n}} E_n$.

On peut donc appliquer le Lemme 1.3.7. On en déduit par passage à la limite projective les unités exactes courtes :

$$0 \to \varprojlim_n \operatorname{Ker} u_n \to E \to \varprojlim_n (E_n / \operatorname{Ker} u_n) \to 0 \quad \text{et}$$

$$0 \to \varprojlim_n \operatorname{Im} u_n \to F \to \varprojlim_n \operatorname{Coker} u_n \to 0 \text{ , d'où}$$

la suite exacte courte :

$$0 \to \varprojlim_n \operatorname{Ker} u_n \to E \overset{u}{\to} F \to \varprojlim_n \operatorname{Coker} u_n \to 0$$

et le résultat.

PROPOSITION 1.3.9. Soient $s \in \mathbb{R}$, $\mu \in \mathbb{R}$, $\nu_1, \nu_2 \in \mathbb{R}$, $A > 0$ fixés. On suppose $\nu_1 < \nu_2$.

Soient $T : \mathbb{C}[[x]]_s \to \mathbb{C}[[x]]_s$ (resp. ... ; cf. 1.3.6.) un (μ, ν_1) opérateur et

$K : \mathbb{C}[[x]]_s \to \mathbb{C}[[x]]_s$ (resp. ... ; cf. 1.3.6.) un (μ, ν_2) opérateur.

On suppose que T vérifie les conditions de la proposition 1.3.6. Alors $T + K$ vérifie les conditions de la proposition 1.3.6., $T+K$ est à indice et $\chi(T+K) = \chi(T)$.

4. THEOREMES D'INDICES POUR L'OPERATEUR D'EULER.

Nous verrons ci-dessous que les théorèmes d'indices pour les opérateurs $D \in \mathbb{C}\{x\} [\frac{d}{dx}]$ dans les espaces de séries formelles de type Gevrey (ou Gevrey précisé) se ramènent à des théorèmes d'indice pour les opérateurs de la forme $x^{k+1} \frac{d}{dx} + k$ dans les espaces de Banach $\ell^1_{k,\rho,\mu}$ $(\rho \neq k^{1/k})$. L'étude de ce dernier cas se ramène par ramification $(x^k = u)$ à celle du cas particulier $k = 1$. Nous devons donc calculer "à la main" les indices de l'opérateur d'Euler $x^2 \frac{d}{dx} + 1$ dans les espaces de Banach $\ell^1_{1,\rho,\mu}$ $(\rho \neq 1)$. Le principe du calcul remonte à BRIOT et BOUQUET [5] (91, 182-184). (On peut d'ailleurs éviter presque tout calcul* (cf. Remarque 1.4.5. Ci-dessous), quitte à perdre quelques précisions sur le résultat, qui ne sont pas indispensables pour la suite, mais que nous préférons donner).

Soient $\hat{f}, \hat{g} \in \mathbb{C}[[x]]$, avec

---

* Pour un argument voisin cf. MALGRANGE [33] (Lemme 4.5).

$$\hat{f}(x) = \sum_{n \in \mathbb{N}} a_n x^n \quad \text{et} \quad \hat{g}(x) = \sum_{n \in \mathbb{N}} b_n x^n .$$

Supposons que $x^2 \frac{d\hat{f}}{dx} + \hat{f} = \hat{g}$ (1.4.1.).

La relation (1.4.1.) est équivalente aux relations suivantes :

$$\begin{aligned} a_o &= b_o \\ a_1 &= b_1 \\ a_1 + a_2 &= b_2 \\ &\vdots \\ na_n + a_{n+1} &= b_{n+1} \\ &\vdots \end{aligned} \tag{1.4.2.}$$

En mettant à part la relation $a_o = b_o$, puis en multipliant la n-ième ligne par $\frac{(-1)^{n-1}}{(n-1)!}$ $(n \geq 1)$ et en ajoutant les relations obtenues, on obtient l'équivalence de (1.4.1.) et des relations

$$\begin{aligned} a_o &= b_o \\ -a_1 &= -b_1 \\ &\vdots \\ \frac{(-1)^{n+1} a_{n+1}}{n!} &= -\left(b_1 - b_2 + \dots + \frac{(-1)^n b_{n+1}}{n!}\right) . \end{aligned} \tag{1.4.3.}$$

L'application $\mathbb{C}[[x]] \xrightarrow{D} \mathbb{C}[[x]]$ est donc un

$$\hat{f} \longmapsto x^2 \frac{d\hat{f}}{dx} - \hat{f} = \hat{g}$$

isomorphisme de $\mathbb{C}$-espaces vectoriels.

On vérifie que D induit des endomorphismes de $\mathbb{C}[[x]]_{2,A}$ $(A>0)$ et $\ell^1_{1,\rho,\mu}$ $(\rho > 0 , \mu \in \mathbb{R})$.

Nous allons étudier ces endomorphismes pour $A \neq 1$ (resp. $\rho \neq 1$).

Il faudra distinguer les cas $A>1$ $(\rho<1)$ et $A<1$ $(\rho>1)$.

Soit $\hat{g} \in \mathbb{C}[[x]]_{2,A}$. On a : $|b_n| < c\ n!\ A^n$ et

$$|b_1 - b_2 + \dots + \frac{(-1)^n b_{n+1}}{}| \le c\ \frac{A - A^{n+1}}{1-A}\ (n+1)\ .$$

Supposons d'abord $A > 1$. On en déduit que $|a_{n+1}| < c'(n+1)!A^{n+1}$ (ou $|a_n| < c'n!\ A^n \dots$) et que $\hat{f} \in \mathbb{C}[[x]]_{2,A}$.

Soit maintenant $\hat{g} \in \ell^1_{1,1/A,\mu}$ (avec $\mu \in \mathbb{R}$ et toujours $A > 1$) ; on va voir que $\hat{f} \in \ell^1_{1,1/A,\mu}$:

On a : $\dfrac{|a_n|(n+1)^\mu}{n!A^n} \le \dfrac{(n+1)^\mu}{n\ A^n}\ (|b_1| + \dfrac{|b_2|}{1!} + \dots + \dfrac{|b_n|}{(n-1)!})$,

d'où $\dfrac{|a_n|(n+1)^\mu}{n!\ A^n} \le \dfrac{(n+1)^\mu}{A^n}\ (\dfrac{|b_1|}{1!} + \dfrac{|b_2|}{2!} + \dots + \dfrac{|b_n|}{n!}$, pour $n \ge 1$.

On en déduit :

$$\|\{a_n\}\|_{1/A,\mu} = \sum_{n \ge 0} \frac{|a_n|(n+1)^\mu}{n!\ A^n} \le |b_0| + \sum_{q \ge 1} |b_q| \sum_{p \ge q} \frac{(p+1)^\mu}{A^p}\ ,\ \text{et}$$

$$\|\{a_n\}\|_{2,1/A,\mu} \le |b_0| + \sum_{q \ge 1} \frac{|b_q|(q+1)^\mu}{A^q} \sum_{p \ge q} \frac{(\frac{p+1}{q+1})^\mu}{A^{p-q}}$$

$$\|\{a_n\}\|_{2,1/A,\mu} \le |b_0| + \sum_{q \ge 1} \frac{|b_q|(q+1)^\mu}{A^q} \sum_{p \ge 0} \frac{(\frac{p}{q+1}+1)^\mu}{A^p}\ .$$

Si $\mu > 0$, on a $(\frac{p}{q+1} + 1)^\mu \le (p+1)^\mu$. Si $\mu \le 0$, on a $(\frac{p}{q+1} + 1)^\mu \le 1$.

Posons $(A > 1)$:

$$C_{1/A,\mu} = \begin{cases} \sum_{p \ge 0} (p+1)^\mu A^{-p} < +\infty\ , & \text{si } \mu > 0\ ; \\ \sum_{p \ge 0} A^{-p} = \frac{A}{A-1}\ , & \text{si } \mu \le 0\ . \end{cases}$$

On a : $(C_{1/A,\mu} \ge 1)$:

$$\|\{a_n\}\|_{1,1/A,\mu} \le |b_0| + C_{1/A,\mu} \sum_{q \ge 1} \frac{|b_q|(q+1)^\mu}{A^q}\ ,\ \text{et}$$

$$\|\{a_n\}\|_{1,1/A,\mu} \leq C_{1/A,\mu}\|\{b_n\}\|_{1,1/A,\mu}\ , \text{ soit}$$

$$\|\hat{f}\|_{1,1/A,\mu} \leq C_{1/A,\mu}\|\hat{g}\|_{1,1/A,\mu}\ .$$

On suppose maintenant $0 < A < 1$. Soit $g \in \mathbb{C}[[x]]_{2,A}$.

La série $b_1 - b_2 + \dots + \dfrac{(-1)^n b_{n+1}}{n!} + \dots$ est convergente.

Posons $\alpha(\hat{g}) = \alpha(\sum_{n \geq 0} b_n x^n) = b_1 - b_2 + \dots + \dfrac{(-1)^n b_{n+1}}{n!} + \dots$

On obtient ainsi une forme linéaire continue sur $\mathbb{C}[[x]]_{2,A}$. L'application α définit également une forme linéaire continue sur les espaces de Banach $\ell^1_{1,1/A,\mu}$ $(\mu \in \mathbb{R})$:

$$\|\alpha(\hat{g})\|_{1,1/A,\mu} \leq K_{1/A,\mu}\ \|\hat{g}\|_{1,1/A,\mu}\ , \text{ avec}$$

$$K_{1/A,\mu} = \sup_{n \geq 0} \frac{A^n}{(n+1)^\mu} < +\infty\ .$$

On considère les deux cas suivants :

(a) Si $\alpha(\hat{g}) = 0$, on a $a_n = \dfrac{b_{n+1}}{n} - \dfrac{b_{n+2}}{n(n+1)} + \dfrac{b_{n+3}}{n(n+1)(n+2)} - \dots$.

Si $\hat{g} \in \mathbb{C}[[x]]_{2,A}$ on obtient une majoration du type

$$|a_n| < C'\ n!\ A^n \quad \text{et} \quad \hat{f} \in \mathbb{C}[[x]]_{2,A}\ .$$

Si $\hat{g} \in \ell^1_{1,1/A,\mu}$, on a :

$$\|\{a_n\|_{1,1/A,\mu} \leq b_0 + \sum_{n \geq 1} \frac{|b_n|(n+1)^\mu}{n!\ A^n} \sum_{p=1\ ,\ n-1} \frac{n}{n-p} A^p \left(\frac{n-p+1}{n+1}\right)^\mu .$$

Si $\mu > 0$, on a $\displaystyle\sum_{p=1,\dots,n-1} \frac{n}{n-p} A^p \left(\frac{n-p+1}{n+1}\right)^\mu \leq \sum_{p=1,\dots,n-1} \frac{n}{n-p} A^p$,

et $\displaystyle\sum_{p=1,\dots,n-1} (p+1)A^p < \sum_{p \geq 0} (p+1)A^p$.

Si $\mu \leq 0$, on a $\displaystyle\sum_{p=1,\dots,n-1} \frac{n}{n-p} A^p \left(\frac{n-p+1}{n+1}\right)^\mu \leq \sum_{p=1,\dots,n-2} (p+1)A^p \left(\frac{n+1}{n-p+1}\right)^{|\mu|}$

et $\sum_{p=1,\dots,n-1} (p+1)A^p(\frac{n+1}{n-p+1})^{|\mu|} = \sum_{p=1,\dots,n-1} (p+1)(1+\frac{p}{n-p+1})^{|\mu|}$,

$$\sum_{p=1,\dots,n-1} (p+1)A^p(\frac{n+1}{n-p+1})^{|\mu|} \leq \sum_{p=1,\dots,n-1} (p+1)^{1+|\mu|}A^p \quad \sum_{p\geq 0} (p+1)^{1+|\mu|}A^p \,.$$

Ainsi, si l'on pose $L_{1/A,\mu} = \sum_{p\geq 0} (p+1)\, A^p$, pour $\mu>0$;

$\sum_{p\geq 0} (p+1)^{1+|\mu|}\, A^p$, pour $\mu\leq 0$,

on obtient : $\|\{a_n\}\|_{1,1/A,\mu} \leq L_{1/A,\mu} \|\{b_n\}\|_{1,1/A,\mu}$, soit

$$\|\hat{f}\|_{1,1/A,\mu} \leq L_{1/A,\mu} \|\hat{g}\|_{1,1/A,\mu} \,.$$

(b) Si $\alpha(\hat{g}) \neq 0$, avec $\hat{g} \in C[[x]]_{2,1-}$. On a alors $\hat{f} \in C[[x]]_{2,1}$, mais $\hat{f} \notin C[[x]]_{2,1^-}$. Sinon $\frac{(-1)^n a_n}{(n-1)!}$ tendrait vers zéro quand $n\to+\infty$ et on aurait $\alpha(\hat{g}) = 0$, d'où une contradiction.

On a ainsi établi la

PROPOSITION 1.4.4. Soit $D = x^2\frac{d}{dx} - 1$. Soit $\alpha: C[[x]]_{2,1-} \to C$ la forme linéaire* définie par :

$$\alpha(\sum_{n\geq 0} b_n x^n) = b_1 - \frac{b_2}{1!} + \dots + \frac{(-1)^{n-1}b_n}{(n-1)!} + \dots \,.$$

On a

(i) Soient $A>1$ et $\mu\in R$.

Les applications $C[[x]]_{2,A} \xrightarrow{D} C[[x]]_{2,A}$ et

$\ell^1_{1,1/A,\mu} \xrightarrow{D} \ell^1_{1,1/A,\mu}$ sont des isomorphismes (indice 0) .

Il en est de même des applications $C[[x]]_{(2,A+)} \xrightarrow{D} C[[x]]_{(2,A+)}$, et

$C[[x]]_{2,A-} \xrightarrow{D} C[[x]]_{2,A-}$ (indice 0) .

---

* On remarquera la relation entre α et la transformation de Laplace-Borel.

(ii) Soient $A < 1$ et $\mu \in \mathbb{R}$.

Les applications $\mathbb{C}[[x]]_{2,A} \xrightarrow{D} \mathbb{C}[[x]]_{2,A}$ et

$$\ell^1_{1,1/A,\mu} \xrightarrow{D} \ell^1_{1,1/A,\mu}$$

sont injectives et de conoyau de dimension 1. L'image de D est le noyau de la forme linéaire α (restreinte à l'espace image). L'indice de ces applications est -1. Il en est de même des applications

$$\mathbb{C}[[x]]_{(2,A+)} \xrightarrow{D} \mathbb{C}[[x]]_{(2,A+)}\,, \text{ et}$$

$$\mathbb{C}[[x]]_{2,A-} \xrightarrow{D} \mathbb{C}[[x]]_{2,A-}\,. \quad (\text{Indice } -1)\,.$$

(iii) Soit $A = 1$.

(a) L'application $\mathbb{C}[[x]]_{(2,1+)} \xrightarrow{D} \mathbb{C}[[x]]_{(2,1+)}$ est un isomorphisme (indice 0).

(b) L'application $\mathbb{C}[[x]]_{2,1-} \xrightarrow{D} \mathbb{C}[[x]]_{2,1-}$ est injective et son conoyau est de dimension 1 (indice -1).

On constate ainsi l'apparition d'un saut de l'indice pour $A = 1$ (qui est la caractéristique associée à l'unique racine de l'équation déterminante $p_1(u) = u-1$). Ceci correspond à la remarque (qui remonte à EULER [12]) :

$$D\Big(\sum_{n\geq 0} (-1)^n n!\, x^{n+1}\Big) = x \quad (\text{on a}^*$$

$$\sum_{n\geq 0} (-1)^n n!\, x^{n+1} \in \mathbb{C}[[x]]_{(2,1+)} \quad \text{et} \quad \notin \mathbb{C}[[x]]_{2,1-})\,.$$

Remarque 1.4.5. On peut démontrer "sans calcul" la proposition 1.4.4. (à l'exception des précisions sur les conoyaux relatives à la forme linéaire α)

---

* Plus précisément : $\sum_{n\geq 0} (-1)^n n!\, x^n \in \ell^1_{1,1,\mu}$ pour $\mu < -1$ et $\notin \ell^1_{1,1,\mu}$ pour $\mu \geq -1$.

en utilisant le lemme 0.14. et le

LEMME 1.4.6. *Soient* $A>0$ et $\mu \in \mathbb{R}$.

Pour tout $\varepsilon > 0$, *il existe* $N \in \mathbb{N}^*$ *tel que la norme de* $x^2 \frac{d}{dx}$ *considérée comme application de* $\ell^1_{1,1/A,\mu}/E_N$ *dans* $\ell^1_{1,1/A,\mu}/E_{N+1}$ *soit inférieure à* $1/A+\varepsilon$, *tandis que la norme de son inverse est inférieure à* $A+\varepsilon$. (*On a noté* $E_n = \mathbb{C} \oplus \mathbb{C}x \oplus \ldots \oplus \mathbb{C}\, x^{n-1}$).

Le lemme s'établit par un calcul immédiat (cf. 1.5. ci-dessous). On applique ensuite le lemme 0.14, avec $u = x^2 \frac{d}{dx}$, $v=1$ si $A<1$, et une variante, avec $u=1$, $v = x^2 \frac{d}{dx}$, si $A>1$ (dans ce dernier cas, on doit d'abord vérifier directement que $\mathbb{C}[x] \subset \operatorname{Im} D$).

5. THEOREMES D'INDICES ET DE COMPARAISON.

Nous allons d'abord étudier l'action des opérateurs x et $\frac{d}{dx}$ (et plus généralement des monomes $x^{\alpha}(\frac{d}{dx})^{\beta}$; $\alpha, \beta \in \mathbb{N}$) sur les espaces de Banach $\ell^1_{k,\rho,\mu}$.

On a un diagramme commutatif

$$\begin{array}{ccc} \ell^1_{k,\rho,\mu} & \xrightarrow{\ x\ } & \mathbb{C}^{\mathbb{N}} \\ \psi_{k,\rho,\mu} \uparrow \wr & & \wr \uparrow \psi_{k,\rho,\mu} \\ \ell^1(\mathbb{C}) & \xrightarrow{\ u\ } & \mathbb{C}^{\mathbb{N}} \end{array} .$$

Il est facile de vérifier que

$$u(\{a_n\}_{n \in \mathbb{N}}) = \{\rho(n+1)^{-1/k}(\tfrac{2+n}{1+n})^{\mu}\, a_n\} .$$

On en déduit que $u(\ell^1(\mathbb{C})) \subset \ell^1_{\infty,1,1/k}$, puis que l'image de l'opérateur x est dans $\ell^1_{k,\rho,\mu+1/k} = \psi_{k,\rho,\mu}\,(\ell^1_{\infty,1,1/k})$.

On a un diagramme commutatif

$$\begin{array}{ccc} \ell^1_{k,\rho,\mu} & \xrightarrow{\ \frac{d}{dx}\ } & \mathbb{C}^{\mathbb{N}} \\ \psi_{k,\rho,\mu} \uparrow \wr & & \wr \uparrow \psi_{k,\rho,\mu} \\ \ell^1(\mathbb{C}) & \xrightarrow{\ v\ } & \mathbb{C}^{\mathbb{N}} \end{array} .$$

On vérifie que

$$v(\{a_n\}_{n\in\mathbb{N}}) = \{1/\rho\ n^{1+1/k}\ (\tfrac{n}{n+1})^{\mu}\ a_n\}\ .$$

On en déduit que $v(\ell^1(\mathbb{C}))\subset \ell^1_{\infty,1,-(1+1/k)}$, puis que l'image de l'opérateur $\frac{d}{dx}$ est dans

$$\ell^1_{k,\rho,\mu-1-1/k} = \psi_{k,\rho,\mu}(\ell^1_{\infty,1,-1-1/k})\ .$$

PROPOSITION 1.5.1.

(i) <u>L'opérateur</u> x <u>applique</u> $\ell^1_{k,\rho,\mu}$ <u>dans</u> $\ell^1_{k,\rho,\mu+1/k}$.

(ii) <u>L'opérateur</u> $\frac{d}{dx}$ <u>applique</u> $\ell^1_{k,\rho,\mu}$ <u>dans</u> $\ell^1_{k,\rho,\mu-(1+1/k)}$.

(iii) <u>L'opérateur</u> $x^{\alpha}\ (\frac{d}{dx})^{\beta}$ $(\alpha,\beta\in\mathbb{N})$ <u>applique</u> $\ell^1_{k,\rho,\mu}$ <u>dans</u>

$$\ell^1_{k,\rho,\mu+\alpha/k-\beta(1+k)/k} = \ell^1_{k,\rho,\mu+w_k(x^{\alpha}(d/dx)^{\beta})}\ .$$

(iv) <u>L'opérateur</u> $D\in\mathcal{D}$ <u>applique</u>

$$\ell^1_{k,\rho,\mu}\quad \text{dans}\quad \ell^1_{k,\rho,\mu+v_k(D)/k}\ .$$

Les opérateurs de la proposition sont linéaires continus.

L'assertion (iii) résulte immédiatement de (i) et (ii).

L'assertion (iv) est triviale.

Intuitivement, on peut considérer que, dans $\mathbb{C}[[x]]_s$, l'opérateur x agit comme une "intégration d'ordre $1/k$" et l'opérateur $\frac{d}{dx}$ comme une "dérivation d'ordre $1+1/k = s$". L'opérateur $x^{k+1}\frac{d}{dx}$ est alors d'ordre 0 et le poids de $x^{\alpha}(\frac{d}{dx})^{\beta}$ représente (au facteur $1/k$ près) l'ordre de "dérivation" ou "intégration" correspondant.

L'opérateur D agissant sur $\mathbb{C}[[x]]_s$ (resp. $\mathbb{C}[[x]]_{(s)}$, resp. $\mathbb{C}[[x]]_{s,A-}$, resp. $\mathbb{C}[[x]]_{(s,A+)}$) est, pour tout $\mu\in\mathbb{R}$, un $(\mu,v_k(D)/k)$-opérateur. Ceci va jouer un rôle essentiel dans la suite : pour l'existence et le calcul de l'indice de D dans les espaces $\mathbb{C}[[x]]_s, \mathbb{C}[[x]]_{(s)}, \mathbb{C}[[x]]_{s,A-}, \mathbb{C}[[x]]_{(s,A+)}$, la seule partie "à retenir" de D est sa partie isobare de poids $v_k(D)$ $(k = 1/(s-1))$, le reste étant perturbation "compacte". Cette partie $\sigma_k(D)$

s'obtient géométriquement en considérant la droite d'appui de pente k sur $P^+(D)$; elle varie avec k (phénomène "parabolique" dû au changement de poids relatifs de x et $\frac{d}{dx}$ quand k varie).

Pour établir les théorèmes d'indice, nous nous ramènerons au cas d'un polynôme de Newton $P^+(D)$ à pentes entières par une "ramification" convenable $x = t^q$ $(q \in \mathbb{N}^*)$. Nous aurons besoin de la

PROPOSITION 1.5.2. Soit* $D \in \mathbb{C}\{x\}[x\frac{d}{dx}]$. Soit $q \in \mathbb{N}^*$. Pour $k>0$ $(s = 1+1/k)$ et $A>0$, on pose $\sigma = \frac{s+q-1}{q}$ et $B = q^{-1/qk}A^{1/q}$.

On a ($k>0$ étant fixé) :

(i) (a) L'opérateur D induit pour tout $\rho>0$ et $\mu \in \mathbb{R}$ un opérateur linéaire continu :

$$D_{k,\rho,\mu,v_k(D)/k} : \ell^1_{k,\rho,\mu} \to \ell^1_{k,\rho,\mu+v_k(D)/k}$$

(D est un $(\mu, v_k(D)/k)$-opérateur).

(b) L'opérateur D_t induit pour tous $q>0$ et $\mu' \in \mathbb{R}$ un opérateur linéaire continu :

$$D_{t;qk,q^{1/qk}\rho^{1/q},\mu'+v_k(D)/k} : \ell^1_{qk,q^{1/qk}\rho^{1/q},\mu'} \to \ell^1_{kq,q^{1/qk}\rho^{1/q},\mu'+v_k(D)/k}$$

(D_t est un $(\mu', v_k(D)/k)$-opérateur).

(c) On a un diagramme commutatif (pour tout $\rho>0$ et $\mu \in \mathbb{R}$) :

$$\begin{array}{ccc}
\ell^1_{k,\rho,\mu} & \xrightarrow{D_{k,\rho,\mu,v_k(D)/k}} & \ell^1_{k,\rho,\mu+v_k(D)/k} \\
\downarrow & & \downarrow \\
\ell^1_{qk,q^{1/qk}\rho^{1/q},\mu'} & \xrightarrow{D_{t;qk,q^{1/qk}\rho^{1/q},v_k(D)/k}} & \ell^1_{qk,q^{1/qk}\rho^{1/q},\mu'+v_k(D)/k}
\end{array}$$

(où les flèches verticales sont les injections naturelles déduites de $x \longmapsto t^q$) ; $\mu' = \mu - \frac{q-1}{2qk}$.

---

* Si $D \in \mathbb{C}\{x\}[\frac{d}{dx}]$, $x^n D \in \mathbb{C}\{x\}[x\frac{d}{dx}]$ pour $n \in \mathbb{N}$ essez grand. Par ailleurs x^n est d'indice $-n$ dans tous les espaces considérés.

(ii) *Les conditions suivantes sont équivalentes* ($\rho > 0$ *étant fixé*) :

(a) *les opérateurs* $D_{k,\rho,\mu,v_k(D)/k}$ *sont, pour tout* $\mu \in \mathbb{R}$, *à indice. Cet indice est indépendant de* μ .

(b) *les opérateurs* $D_{t;qk,q^{1/qk}\rho^{1/q},\mu',v_k(D)/k}$ *sont, pour tout* $\mu' \in \mathbb{R}$, *à indice. Cet indice est indépendant de* μ' .

De plus, si l'une de ces conditions est satisfaite, on a :

$$\text{(c)} \quad \chi(D_{t;q^k,q^{1/qk}\rho^{1/q},\mu',v_k(D)/k}) = q\chi(D_{k,\rho,\mu,v_k(D)/k}) .$$

(iii) *On fait opérer* D *sur* $\mathbb{C}[[x]]_s$ (*resp.* $\mathbb{C}[[x]]_{(s)}$; *resp.* $\mathbb{C}[[x]]_{s,A-}$; *resp.* $\mathbb{C}[[x]]_{(s,A+)}$) *et* D_t *sur* $\mathbb{C}[[t]]_\sigma$ (*resp.* $\mathbb{C}[[t]]_{(\sigma)}$; *resp.* $\mathbb{C}[[t]]_{\sigma,B-}$; *resp.* $\mathbb{C}[[t]]_{(\sigma,B+)}$) . *Si l'une des conditions* (a) , (b) *de* (ii) *est satisfaite pour tout* $0 < \rho < \rho_o$, ρ_o *assez petit* (*resp.* $\rho_o < \rho$, ρ_o *assez grand ; resp.* $A < \rho < \rho_o$, $\rho_o - A$ *assez petit ; resp.* $0 < \rho_o < \rho < A$, $A - \rho_o$ *assez petit*), *les opérateurs* D *et* D_t *sont à indice et on a*

$$\chi(D_t) = q\chi(D) .$$

On a $v_{qk}(D_t) = q\,v_k(D)$, $v_{qk}(D_t)/qk = v_k(D)/k$.

Les assertions (i) (a) et (i) (b) résultent alors de la Proposition 1.5.1.

L'assertion (i) (c) s'établit en utilisant la formule de Stirling.

Pour établir (ii) on décompose $\mathbb{C}[[t]]$ en sous-espaces invariants par D_t .

Considérons le diagramme $(\alpha \in \mathbb{C})$:

$$\begin{array}{ccc} x^\alpha\mathbb{C}[[x]] & \xrightarrow{\ D\ } & x^\alpha\mathbb{C}[[x]] \\ {\scriptstyle x^\alpha}\uparrow & & \uparrow{\scriptstyle x^\alpha} \\ \mathbb{C}[[x]] & \xrightarrow{\ D_\alpha\ } & \mathbb{C}[[x]] . \end{array}$$

L'opérateur $D \in \mathbb{C}[[x]]\,[\frac{d}{dx}]$ laisse $x^\alpha\mathbb{C}[[x]]$ invariant. On vérifie que $(x\frac{d}{dx})_\alpha = x\frac{d}{dx} - \alpha$ et que $D \longmapsto D_\alpha$ est un automorphisme de $\mathbb{C}[[x]]\,[x\frac{d}{dx}]$ laissant $\mathbb{C}[[x]]$ invariant.

Si $D \in \mathbb{C}[[x]]\,[x\frac{d}{dx}]$, on a, pour tout $k > 0$:

$$v_k(D - D_\alpha) > v_k(D) = v_k(D_\alpha) \, (\sigma_k(D) = \sigma_k(D_\alpha)) .$$

Ainsi D_α est une perturbation "compacte" de D.

Plus précisément, on a le

LEMME 1.5.4. <u>Soit</u> $D \in \mathbb{C}[[x]]\,[x\frac{d}{dx}]$. <u>Soit</u> $\alpha \in \mathbb{C}$. <u>Les deux conditions suivantes sont équivalentes</u> (<u>à</u> $k>0$, $\rho>0$, $\mu \in \mathbb{R}$ <u>fixés</u>) :

(i) $D_{k,\rho,\mu,v_k(D)/k}$ <u>est un opérateur à indice</u>.

(ii) $D_{\alpha;k,\rho,\mu,v_k(D)/k}$ <u>est un opérateur à indice</u>.

<u>Si ces conditions sont réalisées, les indices sont égaux</u>.

On suppose maintenant que $\alpha = \frac{p}{q}$ $(p,q \in \mathbb{N}\,;\ q \geq 1\,;\ 0 \leq p < q)$.

On pose $x = t^q$, et on considère le diagramme commutatif dont les flèches verticales sont des isomorphismes d'espaces de Banach (on prendra garde au décalage sur μ) :

$$\begin{array}{ccc}
t^p\mathbb{C}[[t^q]] \cap \ell^1_{qk,q^{1/qk}\rho^{1/q},\mu} & \xrightarrow{D_{p/q;k,\rho,\mu-p/qk,v_k(D)/k}} & t^p\mathbb{C}[[t^q]] \cap \ell^1_{qk,q^{1/qk}\rho^{1/q},\mu+v_k(D)/k} \\
x^{p/q}=t^p \uparrow \wr & & \wr \uparrow x^{p/q}=t^p \\
\ell^1_{k,\rho,\mu-p/qk} & \xrightarrow{D_{k,\rho,\mu-p/qk,v_k(D)/k}} & \ell^1_{k,\rho,\mu-p/qk+v_k(D)/k}\ ;
\end{array}$$

$D_{p/q;k,\rho,\mu-p/qk,v_k(D)/k}$ est la restriction de $D_{t;qk,q^{1/qk}\rho^{1/q},\mu',v_k(D)/k}$ $(\mu' = \mu - \frac{q-1}{2qk})$.

LEMME 1.5.5. <u>Soient</u> $k>0$, $\rho>0$, $\mu_1,\mu_2,\nu \in \mathbb{R}$ $(\mu_1 > \mu_2)$. <u>Soit</u> D <u>un opérateur différentiel</u> $(D \in \mathbb{C}\{x\}[\frac{d}{dx}])$. <u>Il induit des opérateurs</u>

$$D_{k,\rho,\mu_1,v_k(D)/k} : \ell^1_{k,\rho,\mu_1} \to \ell^1_{k,\rho,\mu_1+v_k(D)/k} \ \text{et}$$

$$D_{k,\rho,\mu_2,v_k(D)/k} : \ell^1_{k,\rho,\mu_2} \to \ell^1_{k,\rho,\mu_2+v_k(D)/k}\,.$$

<u>On suppose ces deux opérateurs à indice. Alors</u>*

---

* On verra que ces deux opérateurs sont en fait toujours à indice et d'indices égaux, sauf pour un nombre fini de valeurs de k et de ρ.

$$\chi(D_{k,\rho,\mu_1,v_k(D)/k}) \leq \chi(D_{k,\rho,\mu_2,v_k(D)/k}) .$$

Ce lemme se déduit du lemme 0.13. (i), compte tenu du fait que l'injection $\ell^1_{k,\rho,\mu_1,v_k(D)/k} \to \ell^1_{k,\rho,\mu_2,v_k(D)/k}$ est d'image dense.

LEMME 1.5.6. <u>On a</u> $\mathbb{C}[[t]] = \bigoplus_{p=o,\dots,q-1} t^p\mathbb{C}[[t^q]] = \bigoplus_{p=o,\dots,q-1} x^{p/q}\,\mathbb{C}[[x]]$ <u>et les espaces</u> $t^p\mathbb{C}[[t^q]]$ <u>sont invariants par</u> D_t .

Revenons maintenant à l'équivalence de (ii) (a) et (ii) (b) (Proposition 1.5.2.). Montrons d'abord que (ii) (b) entraîne (ii) (a). Soit $\mu' = \mu - \frac{q-1}{2qk}$. La restriction de $D_{t;qk,q^{1/kq}\rho^{1/q},\mu',v_k(D)/k}$ à l'espace : $t^p\mathbb{C}[[t^q]] \cap \ell^1_{qk,q^{1/qk}\rho^{1/q},\mu}$, considérée comme à valeurs dans $t^p\mathbb{C}[[t^q]] \cap \ell^1_{qk,q^{1/qk}\rho^{1/q},\mu+v_k(D)/k}$ est un opérateur à indice $(p=0,\dots,q-1)$, d'après le lemme 0.7. Il en résulte que $D_{p/q;k,\rho,\mu-p/qk,v_k(D)/k}$ est un opérateur à indice $(p = 0,\dots,q-1)$. Faisant $p = 0$, on en déduit qu'en particulier $D_{k,\rho,\mu,v_k(D)/k}$ est un opérateur à indice.

On a (Lemme 1.5.4.) : $\chi(D_{p/q;k,\rho,\mu-p/k,v_k(D)/k}) = \chi(D_{k,\rho,\mu-p/k,v_k(D)/k})$.

L'opérateur D étant fixé, ainsi que $k,\rho,$ les indices des opérateurs $D_{p/q;k,\rho,\mu,v_k(D)/k}$ sont (pour chaque $p = 0,\dots,q-1$) fonctions monotones décroissantes au sens large de μ (Lemme 1.5.5.).

On a (Lemme 0.7) :

$$\chi(D_{t;qk,q^{1/qk}\rho^{1/q},\mu',v_k(D)/k}) = \sum_{p=o,\dots,q-1} \chi(D_{p/q;k,\rho,\mu-p/k,v_k(D)/k}) .$$

Le premier indice étant, par hypothèse indépendant de μ , il en est de même (compte tenu de la condition de monotonie) des $\chi(D_{p/q;k,\rho,\mu,v_k(D)/k})$.

On a donc :

$$\chi(D_{p/q;k,\rho,\mu-p/q,v_k(D)/k}) = \chi(D_{k,\rho,\mu,v_k(D)/k}) \quad \text{et}$$

$$\chi(D_{t;qk,q^{1/qk}\rho^{1/q},\mu',v_k(D)/k}) = q\,\chi(D_{k,\rho,\mu,v_k(D)/k}) .$$

Ainsi la condition (ii) (a) est satisfaite.

Il reste à prouver que (ii) (a) entraîne (ii) (b).

Si (ii) (a) est vérifiée, les opérateurs $D_{p/q;k,\rho,\mu,v_K(D)/k}$ sont à indice et de même indice que $D_{k,\rho,\mu,v_k(D)/k}$ (lemme 1.5.4.).

En particulier, les indices sont indépendants de μ. On déduit alors des lemmes 1.5.6. et 0.7. que l'opérateur $D_{t;qk,q^{1/qk}\rho^{1/q},\mu',v_k(D)/k}$ est à indice, d'indice indépendant de μ'.

La démonstration de la proposition 1.5.2. est ainsi terminée.

Soit $k \in \mathbb{R}_*^+$. Rappelons que la droite d'appui de pente k sur le polygone de Newton $P(D)$ rencontre celui-ci suivant un point isolé $(i(k),j(k)-i(k))$ ou suivant un segment d'origine $(i_1(k),j_1(k)-i_1(k))$ et d'extrémité $(i_2(k),j_2(k)-i_2(k))$ $(i_1(k)<i_2(k))$, selon que k est ou non égal à l'une des pentes exceptionnelles $k_1,\dots,k_\ell$. L'équation de la droite d'appui est $y-kx-v_k(D) = 0$, avec

$$v_k(D) = j(k)-(k+1)i(k) \quad (\text{resp. } v_k(D) = j_1(k)-(k+1)i_1(k) = j_2(k)-(k+1)i_2(k)).$$

Soient $(i,j-i)$ les points correspondants à des $\alpha_{i,j}$ non nuls $(a_i = \sum_j \alpha_{i,j}x^j)$ et appartenant à la droite d'appui de pente k. Ils correspondent à des monomes $\alpha_{i,j}x^j(\frac{d}{dx})^i$, avec $\alpha_{i,j}\neq 0$ et $w_k(\alpha_{ij}x^j \frac{d^i}{dx}) = j-(k+1)i = v_k(D)$. Rappelons que nous désignons par $\sigma_k(D)$ la somme de ces monomes et notons $T_k = D-\sigma_k(D)$. On a $v_k(D) = v_k(\sigma_k(D)) < v_k(T_k)$ et D apparaît comme une perturbation "compacte" de $\sigma_k(D)$; à $\mu \in \mathbb{R}$ fixé, D et $\sigma_k(D)$ sont des $(\mu,\nu(k))$-opérateurs*, tandis que T_k est un $(\mu,\nu(k)+1/k)$-opérateur. La proposition 1.3.7. permet alors de ramener l'étude du problème d'indice pour D à celle du problème d'indice pour $\sigma_k(D)$ (plus précisément pour les $\sigma_k(D)_{k,\rho,\mu,\nu(k)}$).

Si k est "générique" $(k\neq k_1,\dots,k_\ell)$, $\sigma_k(D)$ est réduit à un monome

---

* $\nu(k) = v_k(D)/k$.

$\sigma_k(D) = \alpha_{i(k),j(k)} x^{j(k)} \frac{d}{dx}^{i(k)}$ $(\alpha_{i(k),j(k)} \in \mathbb{C})$, dont l'indice dans les espaces $\mathbb{C}[[x]]_s$, $\mathbb{C}[[x]]_{(s)}$, $\mathbb{C}[[x]]_{s,A-}$, $\mathbb{C}[[x]]_{(s,A+)}$ est $i(k)-j(k) = i(k)-v(a_{i(k)})$. Les opérateurs $\sigma_k(D)_{k,\rho,\mu,\nu(k)}$ sont à indice, d'indice $(i(k) - v(a_{i(k)})$. On en déduit des résultats analogues pour les $D_{k,\rho,\mu,\nu(k)}$ par perturbation compacte (proposition 1.3.7.), puis pour D .

Le cas où k est exceptionnel : $k = k_1,\dots,k_\ell$ est plus délicat. On se ramène d'abord au cas où k est entier (proposition 1.5.2.). Si $p_k(u)$ est le polynôme caractéristique associé au côté de pente k de $P^+(D)$, on pose :

$$D_k = x^{v(a_{i_1(k)})-(k+1)i_1(k)} p_k(x^{k+1} \frac{d}{dx})(x^{k+1} \frac{d}{dx})^{i_1(k)} .$$

On vérifie que D_k et $\sigma_k(D)$ ont mêmes points représentatifs sur la droite d'appui de pente k $(v_k((x^{k+1} \frac{d}{dx})^p - x^{p(k+1)} \frac{d^p}{dx}) > 0)$. On a alors :

$$v_k(D-D_k) > v_k(D) = v_k(D_k) = v_k(\sigma_k(D)) .$$

Ainsi D apparaît comme une perturbation "compacte" de D_k : D et D_k sont, à $\mu \in \mathbb{R}$ fixé, des $(\mu, v_k(D)/k)$ - opérateurs et $H_k = D - D_k$ est un

$$(\mu, (v_k(D) + 1)/k) \text{ - opérateur.}$$

On obtient la

PROPOSITION 1.5.7. <u>Soit</u> $D \in \mathbb{C}\{x\}[\frac{d}{dx}]$. <u>Soient</u> $k_1,\dots,k_\ell > 0$ <u>les pentes de</u> $P^+(D)$.

(i) <u>Si</u> k <u>est générique</u> : $k \neq k_1,\dots,k_\ell$:

(a) $\sigma_k(D) = \alpha_{i(k),j(k)} x^{j(k)} \frac{d^{i(k)}}{dx}$ $(\alpha_{i(k),j(k)} \in \mathbb{C} ;\ j(k) = v(a_{i(k)}))$.

<u>L'opérateur</u> $D_{k,\rho,\mu,v_k(D)/k}$ <u>est une perturbation compacte de</u> $(\sigma_k(D))_{k,\rho,\mu,v_k(D)/k}$. <u>Ces deux opérateurs sont à indice, d'indice égal à</u> $i(k) - j(k) = i(k) - v(a_{i(k)})$. (<u>Cet indice est indépendant de</u> ρ <u>et</u> μ <u>et constant sur</u> $[k_j, k_{j+1}[$) .

(ii) <u>Si</u> $k = k_1,\dots,k_\ell$ <u>et si</u> k est entier :

Les opérateurs D et $D_k = x^{v(a_{i_1(k)}) - (k+1)i_1(k)} p_k(x^{k+1}\frac{d}{dx})(x^{k+1}\frac{d}{dx})^{i_1(k)}$ ont même partie isobare $\sigma_k(D)$. L'opérateur $D_{k,\rho,\mu,v_k(D)/k}$ est une perturbation compacte de $D_{k;k,\rho,\mu,v_k(D)/k}$ (et de $(\sigma_k(D))_{k,\rho,\mu,v_k(D)/k}$). Pour $\rho > 0$, $\mu \in \mathbb{R}$ fixés, les deux conditions suivantes sont équivalentes :

(a) $D_{k,\rho,\mu,v_k(D)/k}$ est à indice ;

(b) $D_{k;k,\rho,\mu,v_k(D)/k}$ est à indice.

De plus, si l'une de ces conditions est satisfaite, les indices sont égaux. On est maintenant ramené à traiter le problème d'indice pour D_k, c'est-à-dire pour $p_k(x^{k+1}\frac{d}{dx})$, puisque

$$\chi(x^{v(a_{i_1(k)}) - (k+1)i_1(k)}) = (k+1)i_1(k) - v(a_{i_1(k)}) \quad \text{et}$$

$$\chi((x^{k+1}\frac{d}{dx})^{i_1(k)}) = -(k+1)i_1(k) + i_1(k) \quad \text{(Proposition 0.8.)} .$$

On écrit $\qquad p_k(u) = c_k(u-\lambda_{k,1}) \dots (u-\lambda_{k,\ell_k})$.

On a alors :

$$p_k(x^{k+1}\frac{d}{dx}) = c_k(x^{k+1}\frac{d}{dx} - \lambda_{k,1}) \dots (x^{k+1}\frac{d}{dx} - \lambda_{k,\ell_k}) .$$

Si les $x^{k+1}\frac{d}{dx} - \lambda_{k,\imath}$ sont à indices, il en sera de même de $p_k(x^{k+1}\frac{d}{dx})$ et de D_k, et on aura :

$$\chi(D_k) = \sum_{\imath=1,\dots,\ell_k} \chi(x^{k+1}\frac{d}{dx} - \lambda_{k,\imath}) + i_1(k) - v(a_{i_1(k)}) .$$

(Proposition 0.8.) .

On est finalement ramené aux problèmes d'indices pour les opérateurs de la forme $x^{k+1}\frac{d}{dx} - \lambda$. La réponse est donnée par la

PROPOSITION 1.5.8. Soient $k \in \mathbb{N}^+$ et $\lambda_o \in \mathbb{C}^*$. On pose $s = 1 + 1/k$. Soit $D = x^{k+1}\frac{d}{dx} - \lambda_o$. Soit $A_o = |\lambda_o|^{-1/k}$ l'unique k-caractéristique de D.

(i) Soient $A > A_o$ et $\mu \in \mathbb{R}$.

<u>Les applications</u> $\mathbb{C}[[x]]_{s,A} \xrightarrow{D} \mathbb{C}[[x]]_{s,A}$ <u>et</u>

$\ell^1_{k,1/A,\mu} \longrightarrow \ell^1_{k,1/A,\mu}$ <u>sont</u>

<u>des isomorphismes (indice</u> 0).

(ii) Soient $A < A_o$ et $\mu \in \mathbb{R}$.

<u>Les applications</u> $\mathbb{C}[[x]]_{s,A} \xrightarrow{D} \mathbb{C}[[x]]_{s,A}$ <u>et</u>
$\ell^1_{k,1/A,\mu} \longrightarrow \ell^1_{k,1/A,\mu}$ <u>sont</u>

<u>injectives et de conoyau de dimension</u> k (<u>indice</u> $-k$).

(iii) Soit $A = A_o$.

(a) <u>L'application</u> $\mathbb{C}[[x]]_{(s,A_o+)} \xrightarrow{D} \mathbb{C}[[x]]_{(s,A_o+)}$ <u>est un isomorphisme (indice</u> 0).

(b) <u>L'application</u> $\mathbb{C}[[x]]_{(s,A_o-)} \xrightarrow{D} \mathbb{C}[[x]]_{(s,A_o-)}$ <u>est injective et son conoyau est de dimension</u> k (<u>indice</u> $-k$).

(iv) (a) <u>L'application</u> $\mathbb{C}[[x]]_s \xrightarrow{D} \mathbb{C}[[x]]_s$ <u>est un isomorphisme</u> (<u>indice</u> 0) .

(b) <u>L'application</u> $\mathbb{C}[[x]]_{(s)} \xrightarrow{D} \mathbb{C}[[x]]_{(s)}$ <u>est injective et son conoyau est de dimension</u> k (<u>indice</u> $-k$) .

On peut supposer (par changement linéaire de variable) que $\lambda_o = k$. On pose ensuite $x^k = u$, ce qui transforme $D = x^{k+1}\frac{d}{dx} - k$ en $D_u = k(x^2 \frac{d}{dx} - 1)$. La proposition 1.5.8. résulte alors des propositions 1.4.4. et 1.5.2. (On peut évidemment l'établir directement à titre d'exercice). On déduit de ce qui précède que l'opérateur

$$D_k = (x^{k+1}\frac{d}{dx} - \lambda_{k,1})\ldots(x^{k+1}\frac{d}{dx} - \lambda_{k,\ell})$$

est à indice (proposition 0.8.). Plus précisément, les opérateurs $D_{k;k,\rho,\mu,o}$ sont à indice pour $\rho \neq A^{-1}_{k,\iota}$ (où les $A_{k,\iota}$ sont les k-caractéristiques de D) . Les indices correspondants se calculent immédiatement en utilisant les propositions 1.5.5. et 0.8. .

Nous sommes maintenant en mesure d'énoncer les théorèmes d'indice.

(Le cas général $k \in Q_*^+$ se ramène, si $k = k_1,\dots,k_\ell$, par la proposition 1.5.2. au cas $k \in \mathbb{N}^*$ que nous venons de traiter. On passe du cas Banach aux cas F N et D F N en utilisant la proposition 1.3.6.).

Nous aurons besoin des notations suivantes :

Si $A>0$ n'est pas une k - caractéristique de D , on pose

$$\beta(A) = \sum_{\substack{\iota \\ A_{k,\iota} < A_{k,\iota_0}}} \alpha(A_{k,\iota}) .$$

(Rappelons que $\alpha(A_{k,\iota})$ désigne la multiplicité de $A_{k,\iota}$) . Si $A = A_{k,\iota_0}$ est une k - caractéristique de D , on pose

$$\beta_1(A) = \sum_{\substack{\iota \\ A_{k,\iota} < A_{k,\iota_0}}} \alpha(A_{k,\iota})$$

et

$$\beta_2(A) = \sum_{\substack{\iota \\ A_{k,\iota} \le A_{k,\iota_0}}} \alpha(A_{k,\iota}) .$$

On vérifie immédiatement que pour $A>0$ assez petit,

on a $\beta(A) = 0$ et que pour $A>0$ assez grand,

on a $\beta_2(A) = \ell_k = \text{degré } (p_k)$.

THEOREME 1.5.9. Soit $D \in \mathbb{C}\{x\} [\frac{d}{dx}]$.

(i) (a) Les opérateurs $\mathbb{C}[[x]]_s \xrightarrow{D} \mathbb{C}[[x]]_s$ sont d'indice fini $\chi_s(D)$ pour $s>1$.

(b) Les opérateurs $\mathbb{C}[[x]]_{(s)} \xrightarrow{D} \mathbb{C}[[x]]_{(s)}$ sont d'indice fini $\chi_{(s)}(D)$ pour $s>1$.

(c) Les opérateurs $\mathbb{C}[[x]]_{(s,A+)} \xrightarrow{D} \mathbb{C}[[x]]_{(s,A+)}$

et $\mathbb{C}[[x]]_{s,A-} \longrightarrow \mathbb{C}[[x]]_{s,A-}$

sont d'indices finis pour $s>1$ et $A>0$, respectivement notés $\chi_{(s,A+)}(D)$ et $\chi_{s,A-}(D)$.

(ii) Si $s > 1$ est "générique" : $s \neq s_1, \ldots, s_\ell$, on a

$$\chi_s(D) = \chi_{(s)}(D) = \chi_{(s,A+)}(D) = \chi_{s,A-}(D) = i(k) - v(a_{i(k)})$$

(iii) Si $s = s_1, \ldots, s_\ell$, on a

$$\chi_s(D) = i_1(k) - v(a_{i_1(k)}) \, , \, \chi_{(s)}(D) = i_2(k) - v(a_{i_2(k)}) \text{ et}$$

(a) Si A est "générique" : $A \neq A_{k,\iota}$, on a *

$$\chi_{(s,A+)}(D) = \chi_{s,A-}(D) = \chi_{(s)}(D) + k\,\beta(A) \; ;$$

(b) Si $A = A_{k,\iota}$ (pour ι convenable), on a *

$$\chi_{(s,A+)}(D) = \chi_{(s)}(D) + k\,\beta_2(A) \quad \text{et}$$

$$\chi_{s,A-}(D) = \chi_{(s)}(D) + k\,\beta_1(A) \, .$$

En utilisant une méthode analogue, on prouve le

THEOREME 1.5.10. Soit $s_o > 1$. Soit $D \in \mathbb{C}[[x]]_{s_o}[\frac{d}{dx}]$.

(i) Les opérateurs $\mathbb{C}[[x]]_s \xrightarrow{D} \mathbb{C}[[x]]_s$ sont d'indice fini $\chi_s(D)$ pour $s \geq s_o$.

(b) Les opérateurs $\mathbb{C}[[x]]_{(s)} \xrightarrow{D} \mathbb{C}[[x]]_{(s)}$ sont d'indice fini $\chi_{(s)}(D)$ pour $s > s_o$.

(c) Les opérateurs $\mathbb{C}[[x]]_{(s,A+)} \xrightarrow{D} \mathbb{C}[[x]]_{(s,A+)}$ et

$$\mathbb{C}[[x]]_{s,A-} \xrightarrow{D} \mathbb{C}[[x]]_{s,A-}$$

sont d'indices finis pour $s > s_o$ et $A > 0$.

(Les indices seront notés respectivement $\chi_{(s,A+)}(D)$ et $\chi_{s,A-}(D)$) .

(ii) Les indices se calculent comme dans le théorème 1.5.9.

On peut également donner des énoncés pour $D \in \mathbb{C}[[x]]_{(s_o)}(\frac{d}{dx})$ .... .
Nous laissons les détails au lecteur. (Cf. aussi KOMATSU [68].)
On a également des théorèmes d'indice dans les espaces de séries Gevrey-méromorphes. On emploie la méthode de MALGRANGE [30] (théorème 2.1., page 151) :

---

* $k\,\beta(A)$, $k\,\beta_1(A)$, $k\,\beta_2(A)$ sont toujours entiers (Remarque 1.1.9.).

On a un diagramme commutatif dont les lignes sont exactes :

$$\begin{array}{ccccccccc} 0 & \longrightarrow & \mathbb{C}[[x]]_s & \longrightarrow & \mathbb{C}[[x]]_s[x^{-1}] & \longrightarrow & x^{-1}\,\mathbb{C}[x^{-1}] & \longrightarrow & 0 \\ \downarrow & & \downarrow D & & \downarrow D & & \downarrow D & & \downarrow \\ 0 & \longrightarrow & \mathbb{C}[[x]]_s & \longrightarrow & \mathbb{C}[[x]]_s[x^{-1}] & \longrightarrow & x^{-1}\,\mathbb{C}[x^{-1}] & \longrightarrow & 0\ . \end{array}$$

(On peut remplacer $\mathbb{C}[[x]]_s$ par $\mathbb{C}[[x]]_{(s)}$, $\mathbb{C}[[x]]_{s,A-}$, $\mathbb{C}[[x]]_{(s,A+)}$).

On sait que $\mathbb{C}[[x]]_s \xrightarrow{D} \mathbb{C}[[x]]_s$ est à indice.

Par ailleurs $x^{-1}\mathbb{C}[x^{-1}] \xrightarrow{D} x^{-1}\mathbb{C}[x^{-1}]$ est également à indice (MALGRANGE [30]), d'indice $\chi(D;x^{-1}\mathbb{C}[x^{-1}] = -\chi(D,\mathbb{C}[[x]]) = -\sup\limits_{i=0,\dots,m}[i-v(a_i)]$.

On en déduit que $\mathbb{C}[[x]]_s[x^{-1}] \longrightarrow \mathbb{C}[[x]]_s[x^{-1}]$ est à indice et d'indice

$$\chi(D;\mathbb{C}[[x]]_s[x^{-1}]) = \chi(D;\mathbb{C}[[x]]_s) - \sup_{i=0,\dots,m}[i-v(a_i)]\ .$$

On a ainsi le

THEOREME 1.5.11. <u>Soit</u> $D \in \mathbb{C}\{x\}[\frac{d}{dx}]$.

(i) (a) <u>Les opérateurs</u> $\mathbb{C}[[x]]_s[x^{-1}] \xrightarrow{D} \mathbb{C}[[x]]_s[x^{-1}]$ <u>sont d'indice fini égal à</u> $\chi_s(D)-\chi_\infty(D)$*, <u>pour</u> $s \geq 1$.

(b) <u>Les opérateurs</u> $\mathbb{C}[[x]]_{(s)}[x^{-1}] \xrightarrow{D} \mathbb{C}[[x]]_s[x^{-1}]$ <u>sont d'indice fini égal à</u> $\chi_{(s)}(D)-\chi_\infty(D)$, <u>pour</u> $s>1$.

(c) <u>Les opérateurs</u> $\mathbb{C}[[x]]_{(s,A+)}[x^{-1}] \xrightarrow{D} \mathbb{C}[[x]]_{(s,A+)}[x^{-1}]$

<u>et</u> $\mathbb{C}[[x]]_{s,A-}[x^{-1}] \xrightarrow{D} \mathbb{C}[[x]]_{s,A-}[x^{-1}]$

<u>sont d'indices finis, respectivement égaux à</u>

$$\chi_{(s,A+)}(D)-\chi_\infty(D) \quad \text{et à} \quad \chi_{(s,A-)}(D)-\chi_\infty(D)\ .$$

(ii) <u>Les indices se calculent en utilisant le théorème 1.5.9. et</u>

$$\chi_\infty(D) = \sup_{i=0,\dots,m}[i-v(a_i)]\ .$$

---

* $\chi_\infty(D)$ est l'indice de l'opérateur $\mathbb{C}[[x]] \xrightarrow{D} \mathbb{C}[[x]]$. On en trouvera le calcul dans MALGRANGE [30].

L'espace $\mathbb{C}\{x\}$ est dense dans les espaces $\mathbb{C}[[x]]_s$ $(s \geq 1)$, $\mathbb{C}[[x]]_{(s)}$, $\mathbb{C}[[x]]_{s,A-}$, $\mathbb{C}[[x]]_{(s,A+)}$ $(s>1)$.

En appliquant le lemme 0.13. (i), on en déduit la

PROPOSITION 1.5.12. _Soit_ $D \in \mathbb{C}\{x\}[\frac{d}{dx}]$. _Soient_ $s>1$ et $A>0$. _Les applications_

$$\mathbb{C}[[x]]_s/\mathbb{C}\{x\} \xrightarrow{D} \mathbb{C}[[x]]_s/\mathbb{C}\{x\},$$
$$\mathbb{C}[[x]]_{(s)}/\mathbb{C}\{x\} \xrightarrow{D} \mathbb{C}[[x]]_{(s)}/\mathbb{C}\{x\},$$
$$\mathbb{C}[[x]]_{(s,A+)}/\mathbb{C}\{x\} \xrightarrow{D} \mathbb{C}[[x]]_{(s,A+)}/\mathbb{C}\{x\},$$
$$\mathbb{C}[[x]]_{s,A-}/\mathbb{C}\{x\} \xrightarrow{D} \mathbb{C}[[x]]_{s,A-}/\mathbb{C}\{x\}$$

sont surjectives. Leurs noyaux sont de dimension finie égale respectivement à

$$\chi_s(D)-\chi_1(D),\ \chi_{(s)}(D)-\chi_1(D),\ \chi_{(s,A+)}(D)-\chi_1(D),\ \chi_{s,A-}(D)-\chi_1(D).$$

Ces dimensions peuvent être calculées explicitement en utilisant le théorème 1.5.9. (ii), (iii).

Notons $a_s(D) = \dim_{\mathbb{C}}\mathrm{Ker}(\mathbb{C}[[x]]_s \xrightarrow{D} \mathbb{C}[[x]]_s)$,

$b_s(D) = \dim_{\mathbb{C}}\mathrm{Coker}\,(\mathbb{C}[[x]]_s) \xrightarrow{D} \mathbb{C}[[x]]_s)$. On définit de façon analogue

$$a_{(s)}(D),\ b_{(s)}(D),\ a_{s,A-}(D),\ b_{s,A-}(D),\ a_{(s,A+)}(D),\ b_{(s,A+)}(D).$$

On déduit immédiatement du théorème 1.5.9. et du lemme 0.13. la

PROPOSITION 1.5.13. _Soit_ $D \in \mathbb{C}\{x\}[\frac{d}{dx}]$.

(i) _Les fonctions_ $s \longmapsto \chi_s(D)$, $s \longmapsto a_s(D)$ (_resp._ $s \longmapsto \chi_{(s)}(D)$, $s \longmapsto a_{(s)}(D)$)

sont des fonctions monotones croissantes sur $[1,+\infty]$ (resp. $]1+\infty]$), _continues à gauche (resp. à droite), localement constantes sur_ $[1+\infty]-\{s_1,\dots,s_\ell\}$ (resp. $]1,+\infty]-\{s_1,\dots,s_\ell\}$).

Les fonctions $s \longmapsto \chi_s(D)$ _et_ $s \longmapsto \chi_{(s)}(D)$ _admettent des discontinuités en_ $s_1,\dots,s_\ell$. _Elles coïncident sur_ $]1,+\infty[-\{s_1,\dots,s_\ell\}$ _et diffèrent toujours en_ $s_1,\dots,s_\ell$.

La fonction $s \longmapsto b_s(D)$ (resp. $s \longmapsto b_{(s)}(D)$) _est monotone décroissante_ sur $[1,+\infty]$ (resp. $]1,+\infty]$), continue à gauche (resp. à droite), localement constante sur $[1,+\infty]-\{s_1,\dots,s_\ell\}$ (resp. $]1,+\infty]-\{s_1,\dots,s_\ell\}$).

(ii) A s fixé, $s>1$, on a pour tout $A>0$:

$$\chi_{(s)}(D) \le \chi_{s,A-}(D) \le \chi_{(s,A+)}(D) \le \chi_s(D) ,$$

$$a_{(s)}(D) \le a_{s,A-}(D) \le a_{(s,A+)}(D) \le a_s(D) ,$$

$$b_{(s)}(D) \ge b_{s,A-}(D) \ge b_{(s,A+)}(D) \ge b_s(D) .$$

Si $s \notin \{s_1,\dots,s_\ell\}$, on a partout des égalités.

(iii) A s fixé $(k=\frac{1}{s-1})$, $s\in\{s_1,\dots,s_\ell\}$:

Les fonctions $A \longrightarrow \chi_{s,A-}(D)$,

$A \longrightarrow a_{s,A-}(D)$ (resp. $A \longrightarrow \chi_{(s,A+)}(D)$,

$A \longrightarrow a_{(s,A+)}(D)$)

sont des fonctions monotones croissantes sur $]0,+\infty[$, continues à droite (resp. à gauche), localement constantes sur $]0,+\infty[-\{A_{k,\iota}\}$.

Les fonctions $A \longrightarrow \chi_{s,A-}(D)$ et $A \longrightarrow \chi_{s,A+}(D)$ admettent des discontinuités aux points $A_{k,\iota}$. Elles coïncident sur $]0,+\infty[-\{A_{k,\iota}\}$ et diffèrent toujours aux points $A_{k,\iota}$.

La fonction $A \longrightarrow b_{s,A-}(D)$ (resp. $A \longrightarrow b_{(s,A+)}(D)$) est monotone décroissante sur $]0,+\infty[$, continue à droite (resp. à gauche), localement constante sur $]0,+\infty[-\{A_{k,\iota}\}$.

On déduit de la proposition 1.5.12. et du lemme 0.13. un certain nombre de résultats de "comparaison" généralisant les résultats de MALGRANGE [29], [30] ; résultats partiellement énoncés dans RAMIS [41]*.

A $k\in\{k_1,\dots,k_\ell\}$ fixé, on ordonne les k-caractéristiques $A_{k,\iota}$ par ordre croissant $(A_{k,\iota}<A_{k,\iota+1})$.

THEOREME 1.5.14. Soit $D\in \mathbb{C}\{x\}[\frac{d}{dx}]$.

(i) Soient $\sigma_1 \le \sigma_2$.

---

* Je remercie D. BERTRAND et Y. SIBUYA qui m'ont signalé des inexactitudes dans l'énoncé du corollaire 15 de RAMIS [41] : (iv) (a) (γ) et (b) (γ).

(a) $\sigma_1, \sigma_2 \in [1, +\infty]$. Les conditions suivantes sont équivalentes :

(α) Le morphisme naturel

$$\begin{array}{ccccccc} 0 & \longrightarrow & \mathbb{C}[[x]]_{\sigma_1} & \xrightarrow{D} & \mathbb{C}[[x]]_{\sigma_1} & \longrightarrow & 0 \\ \downarrow & & \downarrow & & \downarrow & & \downarrow \\ 0 & \longrightarrow & \mathbb{C}[[x]]_{\sigma_2} & \xrightarrow{D} & \mathbb{C}[[x]]_{\sigma_2} & \longrightarrow & 0 \end{array}$$

est un quasi-isomorphisme.

(β) Il existe $j \in [0, \ldots, \ell]$ tel que

$\sigma_1, \sigma_2 \in [s_{j+1}, s_j[$ ($s_o = 0$ et $s_{\ell+1} = +\infty$) .

(γ) $\chi_{\sigma_1}(D) = \chi_{\sigma_2}(D)$.

(b) $\sigma_1, \sigma_2 \in]1 + \infty]$. Les conditions suivantes sont équivalentes :

(α) Le morphisme naturel

$$\begin{array}{ccccccc} 0 & \longrightarrow & \mathbb{C}[[x]]_{(\sigma_1)} & \xrightarrow{D} & \mathbb{C}[[x]]_{(\sigma_1)} & \longrightarrow & 0 \\ \downarrow & & \downarrow & & \downarrow & & \downarrow \\ 0 & \longrightarrow & \mathbb{C}[[x]]_{(\sigma_2)} & \xrightarrow{D} & \mathbb{C}[[x]]_{(\sigma_2)} & \longrightarrow & 0 \end{array}$$

est un quasi-isomorphisme.

(β) Il existe $j \in [0, \ldots, \ell]$ tel que

$\sigma_1, \sigma_2 \in]s_{j+1}, s_j]$ ($s_o = 0$ et $s_{\ell+1} = +\infty$) .

(γ) $\chi_{(\sigma_1)}(D) = \chi_{(\sigma_2)}(D)$.

(ii) Soit $s \in]1 + \infty]$. Les conditions suivantes sont équivalentes :

(α) Le morphisme naturel

$$\begin{array}{ccccccc} 0 & \longrightarrow & \mathbb{C}[[x]]_{(s)} & \longrightarrow & \mathbb{C}[[x]]_{(s)} & \longrightarrow & 0 \\ \downarrow & & \downarrow & & \downarrow & & \downarrow \\ 0 & \longrightarrow & \mathbb{C}[[x]]_{s} & \longrightarrow & \mathbb{C}[[x]]_{s} & \longrightarrow & 0 \end{array}$$

est un quasi-isomorphisme.

(β) $s \notin \{s_1, \ldots, s_\ell\}$.

(γ) $\chi_s(D) = \chi_{(s)}(D)$.

(iii) Soit $s \in]1, +\infty[$ fixé. Soient $B_1 < B_2$ ($B_1, B_2 \in]0, +\infty[$) .

(a) Les conditions suivantes sont équivalentes :

(α) *Le morphisme naturel*

$$\begin{array}{ccccccc} 0 & \longrightarrow & \mathbb{C}[[x]]_{s,B_1^-} & \longrightarrow & \mathbb{C}[[x]]_{s,B_1^-} & \longrightarrow & 0 \\ \downarrow & & \downarrow & & \downarrow & & \downarrow \\ 0 & \longrightarrow & \mathbb{C}[[x]]_{s,B_2^-} & \xrightarrow{D} & \mathbb{C}[[x]]_{s,B_2^-} & \longrightarrow & 0 \end{array}$$

est un quasi-isomorphisme.

(β) *Il existe* $\imath$ *tel que*

$$B_1, B_2 \in]A_{k,\imath}, A_{k,\imath+1}] .$$

(γ)

$$\chi_{s,B_1^-} = \chi_{s,B_2^-} .$$

(b) *Les conditions suivantes sont équivalentes* :

(α) *Le morphisme naturel*

$$\begin{array}{ccccccc} 0 & \longrightarrow & \mathbb{C}[[x]]_{(s,B_1^+)} & \xrightarrow{D} & \mathbb{C}[[x]]_{(s,B_1^+)} & \longrightarrow & 0 \\ \downarrow & & \downarrow & & \downarrow & & \downarrow \\ 0 & \longrightarrow & \mathbb{C}[[x]]_{(s,B_2^+)} & \longrightarrow & \mathbb{C}[[x]]_{(s,B_2^+)} & \longrightarrow & 0 \end{array}$$

est un quasi-isomorphisme.

(β) *Il existe* $\imath$ *tel que*

$$B_1, B_2 \in [A_{k,\imath}, A_{k,\imath+1}[.$$

(γ)

$$\chi_{(s,B_1^+)} = \chi_{(s,B_2^+)} .$$

(iv) *Soit* $\sigma \in]1,+\infty]$.

(a) *Les conditions suivantes sont équivalentes* :

(α) *Le morphisme naturel*

$$\begin{array}{ccccccc} 0 & \longrightarrow & \mathbb{C}\{x\} & \xrightarrow{D} & \mathbb{C}\{x\} & \longrightarrow & 0 \\ \downarrow & & \downarrow & & \downarrow & & \downarrow \\ 0 & \longrightarrow & \mathbb{C}[[x]]_\sigma & \longrightarrow & \mathbb{C}[[x]]_\sigma & \longrightarrow & 0 \end{array}$$

est un quasi isomorphisme.

(β)

$$\chi_\sigma(D) = \chi_1(D) .$$

(γ) *La fonction de Gérard Levelt* $\rho_k(D)$ *(cf. [41]) est nulle pour* k *variant sur un voisinage assez petit de* $\frac{1}{\sigma-1}$.

(δ) $\sigma < s_\ell$. *On dira alors que* D *est* σ-*corégulier.*

(b) Les conditions suivantes sont équivalentes :

(α) Le morphisme naturel

$$\begin{array}{ccccccc} 0 & \to & \mathbb{C}\{x\} & \xrightarrow{D} & \mathbb{C}\{x\} & \to & 0 \\ \downarrow & & \downarrow & & \downarrow & & \downarrow \\ 0 & \to & \mathbb{C}[[x]]_{(\sigma)} & \xrightarrow{D} & \mathbb{C}[[x]]_{(\sigma)} & \to & 0 \end{array}$$

est un quasi-isomorphisme.

(β) $$\chi_{(\sigma)}(D) = \chi_1(D) .$$

(γ) $$\rho_k(D) = 0 \quad \text{pour} \quad k = \frac{1}{\sigma-1} .$$

(δ) $$\sigma \leq s_\ell .$$

On dira alors que D est (σ)-corégulier.

(v) Soit $s \in]1 + \infty]$.

(a) Les conditions suivantes sont équivalentes :

(α) Le morphisme naturel

$$\begin{array}{ccccccc} 0 & \to & \mathbb{C}[[x]]_s & \xrightarrow{D} & \mathbb{C}[[x]]_s & \to & 0 \\ \downarrow & & \downarrow & & \downarrow & & \downarrow \\ 0 & \to & \mathbb{C}[[x]] & \xrightarrow{D} & \mathbb{C}[[x]] & \to & 0 \end{array}$$

est un quasi-isomorphisme.

(β) $$\chi_s(D) = \chi_\infty(D) .$$

(γ) $$\rho_k(D) \leq \rho_{k_1}(D) .$$

(δ) $$s_1 \leq s .$$

On dira alors que D est s-régulier.

(b) Les conditions suivantes sont équivalentes :

(α) Le morphisme naturel

$$\begin{array}{ccccccc} 0 & \to & \mathbb{C}[[x]]_{(s)} & \xrightarrow{D} & \mathbb{C}[[x]]_{(s)} & \to & 0 \\ \downarrow & & \downarrow & & \downarrow & & \downarrow \\ 0 & \to & \mathbb{C}[[x]] & \xrightarrow{D} & \mathbb{C}[[x]] & \to & 0 \end{array}$$

est un quasi-isomorphisme.

(β) $$\chi_{(s)}(D) = \chi_\infty(D) .$$

(γ) $$\rho_k(D) < \rho_{k_1}(D) .$$

(δ) $$s_1 < s .$$

On dira alors que D est (s)-régulier.

(vi) Soit $s \neq s_1,\dots,s_\ell$, $s \in]1,+\infty[$.

Alors les morphismes naturels $(A>0)$

$$\begin{array}{ccccccccc}
0 & \longrightarrow & \mathbb{C}[[x]]_{(s)} & \xrightarrow{D} & \mathbb{C}[[x]]_{(s)} & \longrightarrow & 0 \\
\downarrow & & \downarrow & & \downarrow & & \downarrow \\
0 & \longrightarrow & \mathbb{C}[[x]]_{s,A-} & \xrightarrow{D} & \mathbb{C}[[x]]_{s,A-} & \longrightarrow & 0 \\
\downarrow & & \downarrow & & \downarrow & & \downarrow \\
0 & \longrightarrow & \mathbb{C}[[x]]_{(s,A+)} & \xrightarrow{D} & \mathbb{C}[[x]]_{(s,A+)} & \longrightarrow & 0 \\
\downarrow & & \downarrow & & \downarrow & & \downarrow \\
0 & \longrightarrow & \mathbb{C}[[x]]_{s} & \xrightarrow{D} & \mathbb{C}[[x]]_{s} & \longrightarrow & 0
\end{array}$$

sont des quasi-isomorphismes.

Rappelons que nous avons désigné par ℓ_o la longueur du côté horizontal de $P^+(D)$. (S'il n'y a pas de côté horizontal, on pose $\ell_o = 0$) . On a le

LEMME 1.5.12. Soit $D \in \mathbb{C}[[x]][\frac{d}{dx}]$.

On a $$\dim_{\mathbb{C}} \ker(\mathbb{C}[[x]] \xrightarrow{D} \mathbb{C}[[x]]) \leq \ell_o .$$

On peut appliquer à D (même non fuchsien) la méthode de Frobenius. L'équation indicielle est de degré ℓ_o et fournit ℓ_o solutions "régulières" indépendantes (qui peuvent diverger !). Toute solution formelle est dans le sous-espace engendré par ces solutions, d'où le résultat.

On déduit des résultats précédents un certain nombre d'inégalités pour les dimensions d'espaces de "solutions" de D :

PROPOSITION 1.5.16. Soit $D \in \mathbb{C}\{x\}[\frac{d}{dx}]$. On a $(s \in [1+\infty])$:

(i) $\chi_s(D) \leq a_s(D) = \dim_{\mathbb{C}} \ker\ (\mathbb{C}[[x]]_s \xrightarrow{D} \mathbb{C}[[x]]_s) \leq \ell_o$.

(ii) $\chi_{(s)}(D) \leq a_{(s)}(D) \leq \ell_o\ (s>1)$.

(iii) $-\chi_s(D) \leq b_s(D) = \dim_{\mathbb{C}} \operatorname{coker}\ (\mathbb{C}[[x]]_s \xrightarrow{D} \mathbb{C}[[x]]_s)$.

(iv) $-\chi_{(s)}(D) \leq b_{(s)}(D)\quad (s>1)$.

(v) $a_s(D) - a_1(D) \leq \chi_s(D) - \chi_1(D)$; $a_{(s)}(D) - a_1(D) \leq \chi_{(s)}(D) - \chi_1(D)$.

On a des résultats analogues pour $a_{s,A-}(D)$, $b_{s,A-}(D)$, ... La minoration de (i) , (ii) (resp. (iii), (iv)) n'est évidemment intéressante que pour $\chi_s(D) > 0$, $\chi_{(s)}(D) > 0$ (resp. $\chi_s(D) < 0$, $\chi_{(s)}(D) < 0$) .

THEOREME 1.5.17. Soit $D \in \mathbb{C}\{x\}[\frac{d}{dx}]$. Soient $\hat{f}(x) = \sum_{n \geq o} a_n x^n$ et $g \in \mathbb{C}\{x\}$ tels que $D\hat{f} = g$. Alors $\hat{f} \in \mathbb{C}\{x\}$, ou il existe un unique réel $s > 1$ et un unique réel $A > 0$ tels que $\limsup_{n \to +\infty} ((n!)^{1-s} a_n)^{1/n} = A$. De plus s est l'un des $s_1, \dots, s_\ell$ et A est l'une des k-caractéristiques associées.

Il résulte de la proposition 1.5.10. que si $\hat{f} \in \mathbb{C}[[x]]_{(s_j)}$, alors $\hat{f} \in \mathbb{C}[[x]]_{s_{j+1}}$ (s_{j+1} étant la valeur exceptionnelle immédiatement inférieure à la valeur exceptionnelle s_j). On en déduit par récurrence ascendante sur j (à partir de $s_o = +\infty$) qu'il existe $s \in s_1, \dots, s_\ell$ tel que $\hat{f} \in \mathbb{C}[[x]]_s$ et $\hat{f} \notin \mathbb{C}[[x]]_{(s)}$ (ou que $\hat{f} \in \mathbb{C}\{x\}$). Si, pour cet s fixé, $\hat{f} \in \mathbb{C}[[x]]_{s,A_{k,\iota}-}$, alors $\hat{f} \in \mathbb{C}[[x]]_{(s,A_{k,\iota-1}+)}$ ($A_{k,\iota-1}$ étant la k-caractéristique immédiatement inférieure à la k-caractéristique $A_{k,\iota}$).

Le résultat s'en déduit par récurrence descendante sur ι, compte tenu de la condition $f \in \mathbb{C}[[x]]_{(s)}$: on a $\hat{f} \in \mathbb{C}[[x]]_{(s,A+)}$ et $\hat{f} \notin \mathbb{C}[[x]]_{s,A-}$; A étant égal à l'une des k-caractéristique $A_{k,\iota}$. Ceci équivaut à

$$\limsup_{n \to +\infty} ((n!)^{1-s} a_n)^{1/n} = A .$$

Dans le cas algébrique non linéaire, on dispose (MAILLET [28], MAHLER [27]) d'un résultat du même genre, mais moins précis :

THEOREME 1.5.18.

Soit $G(x, y_o, \dots, y_n) \in \mathbb{C}[X, Y_o, \dots, Y_n]$.

Soit $\hat{f} \in \mathbb{C}[[x]]$, solution formelle de $G(x, \hat{f}_a, \dots, \hat{f}(x)^{(m)}) = 0$.

Alors il existe $s \geq 1$ tel que $\hat{f} \in \mathbb{C}[[x]]_s$.

On dispose d'estimations (grossières) pour s et on n'a aucune information pour le type éventuel.

6. LE CAS DES SYSTEMES.

Les théorèmes d'indices Gevrey (cas méromorphe) s'étendent sans difficulté aux systèmes d'ordre un (ou, ce qui revient au même, aux $\mathcal{D}$- modules).

Nous préciserons d'abord l'"équivalence" entre opérateur d'ordre fini, système d'ordre un et $\mathcal{D}$-module de rang fini. (Il s'agit de résultats "bien connus" dont je ne connais pas d'exposé vraiment complet*). Ceci nous permettra de définir dans tous les cas les invariants formels.

Les indices se calculent à partir de certains de ces invariants. Il est généralement considéré qu'un système ne se "ramène" pas à un opérateur de manière "effective". (Préjugé basé je pense sur l'élégante mais non "effective" démonstration du "lemme du vecteur cyclique" par DELIGNE [8]). En fait la théorie de JACOBSON [17] fournit une méthode de calcul (cf. aussi DABECHE [17] pour une méthode voisine) dans le cas général. Nous donnerons ici un procédé très simple inspiré d'un argument signalé comme "bien connu" par COPE [6] en 1936. (Ce procédé ne s'applique qu'à des systèmes à coefficients dans un "corps de fonctions").

Nous obtenons donc des théorèmes d'indice pour les systèmes, les indices étant calculables.**

Nous noterons K l'un des corps de séries "méromorphes" : $K_{-\infty} = \mathbb{C}[x][x^{-1}],\ldots,$ $K_1 = \mathbb{C}\{x\}[x^{-1}],\ldots,K_s = \mathbb{C}[[x]]_s[x^{-1}],\ldots,$ $\hat{K} = K_{+\infty} = \mathbb{C}[[x]][x^{-1}]$.
(On pourrait d'ailleurs également travailler avec $\mathbb{C}[[x]]_{(s)}[x^{-1}],\ldots$), $\mathcal{D}$ l'une des $\mathbb{C}$ - algèbres non commutatives d'opérateurs différentiels d'ordre fini

$$D_{-\infty} = K_{-\infty}[\tfrac{d}{dx}],\ldots,\mathcal{D}_1 = K_1[\tfrac{d}{dx}],\ldots,\hat{\mathcal{D}} = \mathcal{D}_{+\infty} = \hat{K}[\tfrac{d}{dx}] \;;$$

** Pour les indices Gevrey "précisés" il faut également savoir calculer les racines d'équations algébriques.

* Cf. BALDASSARI [58], KATZ [62], MALGRANGE [30], [31], ROBBA [50], dont je me suis largement inspiré.

A l'opérateur unitaire $D = (\frac{d}{dx})^m + a_{m-1}(\frac{d}{dx})^{m-1} + \ldots + a_o \in \mathcal{D}$, on associera le système d'ordre un $\Delta = \frac{d}{dx} - A$, avec

$$A = \begin{pmatrix} 0 & 1 & 0 \ldots 0 \\ 0 & 0 & 1 \ldots 0 \\ \cdot & \cdot & \cdot & \cdot \\ \cdot & \cdot & \cdot & \cdot \\ \cdot & \cdot & \cdot & \cdot \\ 0 & 0 & 0 \ldots 1 \\ -a_o & -a_1 & \ldots & -a_{m-1} \end{pmatrix} \in \mathrm{End}\ (m\,;\,K)\ .$$

DEFINITION 1.6.1. Soient $A_1 A_2 \in \mathrm{End}(m;K)$.

Les opérateurs $\Delta_1 = \frac{d}{dx} - A_1$ et $\Delta_2 = \frac{d}{dx} - A_2$ sont semblables s'il existe $P \in GL(m;K)$ telle que $\Delta_2 = P^{-1}\Delta_1 P$, c'est-à-dire $A_2 = P^{-1}A_1 P - P^{-1}\frac{dP}{dx}$. Dans les mêmes conditions nous dirons que A_1 et A_2 sont semblables.

La relation de similitude dépend évidemment du choix de K . Nous préciserons s'il y a lieu K - semblables.

La similitude est évidemment une relation d'équivalence.

Rappelons maintenant la notion analogue pour les opérateurs (ORE [35], JACOBSON [17]).

Soient $A, D \in \mathcal{D}$. On montre que A et D ont un plus petit commun multiple à gauche (unique si on lui impose d'être unitaire) noté P.P.C.M.G. (A.D.). Il se calcule en utilisant l'algorithme d'Euclide (version non commutative ; ORE [35]). On montre facilement (ORE [35]), le

LEMME 1.6.2. Soient $A, D \in \mathcal{D}$. Les conditions suivantes sont équivalentes :

(i) A et D sont premiers entre eux à gauche.

(ii) degré P.P.C.M.G. (A,D) = degré A + degré D .

Remarquons que dans les conditions du lemme on a en général P.P.C.M.G. $(A,D) \neq A\,D$ contrairement au cas commutatif.*

---

* $A\,D$ n'est pas en général multiple à gauche de A ! .

DEFINITION 1.6.3. Soient $A,D \in \mathcal{D}$.

(i) $T_A(D) = \text{P.P.C.M.G.}\ (A,D)\ A^{-1}$ est le transformé de D par A .

(ii) Si A et D sont premiers entre eux à gauche, on dira que $T_A(D)$ est semblable* à D . On a alors degré $T_A(D)$ = degré D .

A l'opérateur $D \in \mathcal{D}$ on associe le $\mathcal{D}$-module à gauche $\mathcal{D}/\mathcal{D}D = M$. La similitude s'interprète comme isomorphisme des $\mathcal{D}$-modules associés :

PROPOSITION 1.6.4. Soient $D_1 , D_2 \in \mathcal{D}$. Les conditions suivantes sont équivalentes :

(i) D_1 est semblable à D_2 .

(ii) Il existe un isomorphisme de $\mathcal{D}$-modules à gauche

$$M_1 = \mathcal{D}/\mathcal{D}D_1 \xrightarrow{\sim} M_2 = \mathcal{D}/\mathcal{D}D_2 .$$

La démonstration, que nous détaillons ci-dessous pour la commodité du lecteur, reprend des arguments de MALGRANGE [31] et ROBBA [50].

Rappelons que l'on appelle rang du $\mathcal{D}$-module à gauche M la dimension de M sur K . Si $M = \mathcal{D}/\mathcal{D}D$, on a rang M = degré D .

Montrons que (ii) implique (i) :

Supposons qu'il existe un isomorphisme de $\mathcal{D}$-modules à gauche $\mathcal{D}/\mathcal{D}D_1 \xrightarrow{\alpha} \mathcal{D}/\mathcal{D}D_2$. On a rang M_1 = degré D_1 = degré D_2 = rang M_2 . Par ailleurs l'image de la classe $\bar{1}$ de 1 par α est la classe $\bar{A}_2$ de A_2 .
On a $\bar{D}_1 = 0 = D_1\bar{1}$, d'où $D_1\bar{A}_2 = \overline{D_1A_2} = 0$ et $D_1A_2 \in \mathcal{D}D_2$: il existe $A_1 \in \mathcal{D}$ tel que $D_1A_2 = A_1D_2$.
Inversement, soient B_1 et C_1 tels que $C_1A_2 = B_1D_2$, on a $\alpha(\bar{C}_1) = C_1\ \bar{A}_2 = \overline{C_1A_2} = 0$ et $C_1 \in \mathcal{D}D_1$. Si, de plus, degré $C_1 <$ degré D_1 , on en conclut que $C_1 = B_1 = 0$.
On a ainsi montré que $D_1A_2 = A_1D_2 = \text{P.P.C.M.G.}\ (A_2,D_2)$.
Il en résulte que $D_1 = T_{A_2}(D_2)$, d'où l'assertion (i) (degré D_1 = degré D_2) .
Montrons maintenant que (i) implique (ii) :

---

* Ici aussi, on précisera s'il y a lieu K-semblable.

Si D_1 est semblable à D_2, il existe $A_2 \in \mathcal{D}$, premier à gauche avec D_2, tel que $D_1 = T_{A_2}(D_2)$. D'où une égalité $D_1A_2 = A_1D_2 = $ P.P.C.M.G. (A_2,D_2).

L'application $\alpha(\bar{D}) = \overline{DA_2}$ $(D \in \mathcal{D})$ de $M_1 = \mathcal{D}/\mathcal{D}D_1$ dans $M_2 = \mathcal{D}/\mathcal{D}D_2$ est évidemment $\mathcal{D}$-linéaire à gauche. Elle est injective : $\alpha(\bar{D}) = 0$ entraîne $DA_2 \in \mathcal{D}D_2$, ce qui s'écrit $DA_2 = BD_2$; $DA_2 = BD_2$ est un multiple commun à gauche de A_2 et D_2 d'où, pour $C \in \mathcal{D}$ convenable, $D = CD_1$ et $B = CA_1$, $\bar{D} = 0$. L'application α est surjective : A_2 et D_2 sont premiers à gauche. Il existe donc (Bezout non commutatif) C_1 et B_1 tels que $C_1A_2 + B_1D_2 = 1$. On en déduit $\overline{C_1A_2} = \bar{1} = C_1\bar{A}_2 = \alpha(C_1)$; $\alpha(DC_1) = \bar{D}$ $(D \in \mathcal{D})$.

COROLLAIRE 1.6.5.* <u>La relation</u> "D_1 <u>est semblable à</u> D_2" <u>est une relation d'équivalence sur</u> $\mathcal{D}$.

On a (MALGRANGE [31], ROBBA [50], Lemme 2.2., page 12) la

PROPOSITION 1.6.6. <u>Soient</u> $D_1, D_2, A_1, A_2 \in \mathcal{D}$, <u>avec</u>

$$B = D_1A_2 = A_1D_2 = \text{P.P.C.M.G. } (A_2,D_2) .$$

<u>Alors on a des isomorphismes de</u> $\mathcal{D}$-<u>modules à gauche</u> :

$$\mathcal{D}/\mathcal{D}D_1 \xrightarrow{\sim} \mathcal{D}/\mathcal{D}D_2 \,,\ \mathcal{D}/\mathcal{D}A_1 \xrightarrow{\sim} \mathcal{D}/\mathcal{D}A_2 \ \ \underline{\text{et}}\ \ \mathcal{D}/\mathcal{D}B \xrightarrow{\sim} \mathcal{D}/\mathcal{D}D_1 \oplus \mathcal{D}/\mathcal{D}A_1 .$$

Ainsi à une factorisation de B est associée une décomposition directe de $M = \mathcal{D}/\mathcal{D}B$. Inversement, à un sous-module N de $M = \mathcal{D}/\mathcal{D}B$ on peut associer une factorisation $B = D_1A_2$, avec $N \xrightarrow{\sim} \mathcal{D}/\mathcal{D}D_1$ (ROBBA [50], remarque 2.3.) ; en particulier N est facteur direct.

Rappelons (cf. ORE [35]) la :

PROPOSITION 1.6.7. <u>Tout opérateur</u> $D \in \mathcal{D}$ <u>admet une décomposition en facteurs irréductibles, unique à l'ordre des facteurs et à similitude près</u>.

A cette décomposition correspond une décomposition directe unique à isomorphisme près de M en sous-modules irréductibles.

---

* Cf. ORE [35] pour une démonstration "à la main".

Nous appellerons $\mathcal{D}$-module Fuchsien un $\mathcal{D}$-module Fuchsien au sens de MANIN [34]. On a la

PROPOSITION 1.6.8. Soient $D, D_1 \in \mathcal{D}$ et $M = \mathcal{D}/\mathcal{D}D$, $M_1 = \mathcal{D}/\mathcal{D}D_1$.

(i) Les conditions suivantes sont équivalentes :

(a) M est un $\mathcal{D}$-module Fuchsien.

(b) D est Fuchsien (singulier régulier).

(c) $N(D)$ n'a pas de pente >0.

(ii) Si on a un isomorphisme de $\mathcal{D}$-modules à gauche $M \xrightarrow{\sim} M_1$ et si D est Fuchsien, alors D_1 est Fuchsien.

(iii) Si D est Fuchsien et si D_1 est semblable à D, D_1 est Fuchsien.

A $\alpha \in K$ on associe (MALGRANGE [31]), l'unique automorphisme de $\mathcal{D}$:

$$\begin{array}{l} \mathcal{D} \longrightarrow \mathcal{D} \\ D \longmapsto D^{\alpha} \end{array} \quad \text{laissant } K \text{ invariant}$$

et tel que $\left(\frac{d}{dx}\right)^{\alpha} = \frac{d}{dx} + \alpha$.

COROLLAIRE 1.6.9. Soient $D_1, D_2 \in \mathcal{D}$ et $\alpha, \beta \in \frac{1}{x}\,\mathbb{C}\,[\frac{1}{x}]$.

Si D_1^{α} et D_2^{β} sont semblables et si D_1 et D_2 sont Fuchsiens, alors $\alpha = \beta$.

On est ramené à montrer que si D^{γ} est Fuchsien ($\gamma \in \frac{1}{x}\,\mathbb{C}\,[\frac{1}{x}]$), avec D Fuchsien, alors $\gamma = 0$. Si $\gamma \neq 0$, soit $k =$ degré γ (en $\frac{1}{x}$). On vérifie que $N(D^{\gamma})$ a alors une pente $k>0$, ce qui est contradictoire.

Nous pouvons maintenant, pour $D \in \mathcal{D}$, définir les invariants formels de la classe de similitude de $\mathcal{D}$ (invariants de la $\hat{K}$-classe de similitude de D), ou ce qui revient au même, les invariants formels du $\mathcal{D}$-module à gauche $M = \mathcal{D}/\mathcal{D}D$ (invariants de* $\hat{M} = \hat{\mathcal{D}} \otimes_{\mathcal{D}} M$).

Rappelons (cf. MALGRANGE [31], en tenant compte de MANIN [34]) la

---

* On verra que $\hat{\mathcal{D}} \otimes_{\mathcal{D}} M = \hat{\mathcal{D}} \overset{\mathbb{L}}{\otimes}_{\mathcal{D}} M$ (au sens des catégories dérivées).

PROPOSITION 1.6.10. Soient $q \in \mathbb{N}^*$, $x = t^q$, $\hat{K}_t = \mathbb{C}[[t]][t^{-1}]$, $\hat{\mathcal{D}}_t = \hat{K}_t[\frac{d}{dt}]$. Soit $D \in \hat{\mathcal{D}}$

(i) Pour q assez grand D se décompose dans $\hat{\mathcal{D}}_t$ en facteurs irréductibles de la forme $D_i^{\alpha_i}$, avec

$$\alpha_i \in \frac{1}{t}\, \mathbb{C}[\frac{1}{t}] = \frac{1}{x^{1/q}}\, \mathbb{C}[\frac{1}{x^{1/q}}]$$ ou égal à un et D_1 Fuchsien, irréductible* dans $\hat{\mathcal{D}}_t$.

(ii) Les α_i, le nombre de facteurs D_i correspondant à un même α_i, les rangs des D_i et leurs exposants de monodromie (appartenant à $\mathbb{C}/\mathbb{Z}$) sont des invariants de $\hat{M} = \hat{\mathcal{D}}/\hat{\mathcal{D}}D$ et de la classe de similitude de D.

(iii) Si on peut choisir $q = 1$, les invariants (ii) déterminent M à isomorphisme de $\mathcal{D}$-modules à gauche près.

Si $D_{i_1}^{\alpha_i}, \ldots, D_{i_r}^{\alpha_i}$ sont les facteurs correspondants à α_i, on définit :

multiplicité α_i = degré D_{i_1} +...+ degré D_{i_r}.

On note k_i = degré α_i (α_i étant considéré comme fonction de $x^{-1/q}$) : $k_i \in \mathbb{Q}$ (degré 1 = ∞).

En se reportant à la construction de MALGRANGE [31] on constate que les k_i sont les pentes positives de $P(D)$, les sommes des multiplicités des α_i correspondant à une même pente k_i (de même degré k_i) étant égales à la longueur ℓ_i de la projection de ce côté sur l'axe des abcisses.

Si k_i est entier, si $\mu_i x^{-k_i}$ est le terme de plus haut degré de α_i (en $\frac{1}{x}$), $\ell_i = k\mu_i$ est racine de l'équation déterminante associée à k_i (et inversement, toute racine est de cette forme).

On déduit de ces considérations le

COROLLAIRE 1.6.11. Soit $D \in \mathcal{D}$. Le polygone de Newton $P^+(D)$, les k-caractéristiques associées et leurs multiplicités (i.e. les invariants indiciels

---

* cf. MANIN [34].

de D) sont des invariants de la classe de similitude de D (ou, ce qui revient au même de la classe d'isomorphisme de $\hat{\mathcal{D}}$ - modules à gauche de $M = \hat{\mathcal{D}}/\hat{\mathcal{D}}D$).

On pourra en particulier parler du polygone de Newton $P^+(D)$ de D, de ses k - caractéristiques et de leur multiplicité $(k = k_1, \dots, k_\ell)$.

Remarque 1.6.12. Si $D \in \mathcal{D}_1 = \mathbb{C}\{x\}[x^{-1}][\frac{d}{dx}]$ nous retrouverons plus loin ce Corollaire par voie analytique en utilisant les théorèmes d'indice.

COROLLAIRE 1.6.13. Soit $D \in \hat{\mathcal{D}}$. La fonction de GERARD-LEVELT $k \longmapsto \rho_k(D)$ (cf. RAMIS [41]) est un invariant de la classe de similitude de D (ou d'isomorphisme de $M = \mathcal{D}/\mathcal{D}D$).

En effet, on passe de la fonction dont le graphe est le bord de $P^+(D)$ à la fonction de GERARD-LEVELT par une transformation de Legendre convenable (RAMIS [41]).

En particulier, on obtient ainsi l'invariance des "invariants de GERARD-LEVELT" (cf. [13]) qui sont les valeurs de la fonction ρ_k pour k entier.

Passons maintenant à un bref rappel des relations entre systèmes d'ordre un et $\mathcal{D}$- modules de rang fini.

Soit M un $\mathcal{D}$ - module à gauche de rang fini m. Soit $\{e_1, \dots, e_m\}$ une base de M sur K.

On a :
$$\frac{d}{dx}\begin{pmatrix} e_1 \\ \vdots \\ e_m \end{pmatrix} = A \begin{pmatrix} e_1 \\ \vdots \\ e_m \end{pmatrix}, \text{ avec } A \in \mathrm{End}(m;K).$$

Posons $\Delta = \frac{d}{dx} - A$. On fait agir Δ à gauche sur $\mathcal{D}^m$ par $(D_1, \dots, D_m) \overset{\Delta}{\longmapsto} (D_1 \frac{d}{dx}, \dots, D_m \frac{d}{dx}) - (D_1, \dots, D_m) A$. L'application $\mathcal{D}$ - linéaire envoyant la base canonique de $\mathcal{D}^m$ sur la base $\{e_1, \dots, e_m\}$ induit un isomorphisme de $\mathcal{D}$ - modules à gauche : $\mathcal{D}^m / \mathcal{D}^m \Delta \longrightarrow M$.

Inversement à tout système d'ordre un et de rang m : $\Delta = \frac{d}{dx} - A$, $A \in \mathrm{End}(m,K)$, on peut associer le $\mathcal{D}$-module à gauche de rang $m : M = \mathcal{D}^m/\mathcal{D}^m\Delta$.

Si Δ est le système d'ordre un associé à l'opérateur D unitaire d'ordre m, les $\mathcal{D}$-modules associés correspondants sont isomorphes :

Posons, pour $(D_1,\ldots,D_m) \in \mathcal{D}^m$,

$$(D_1,\ldots,D_m)\, U = D_1 + D_2 \frac{d}{dx} + \ldots + D_m\left(\frac{d}{dx}\right)^{m-1} \quad \text{et} \quad (D_1,\ldots,D_m)V = D_m .$$

PROPOSITION 1.6.14.

(i) *On a un diagramme commutatif de* $\mathcal{D}$-*modules à gauche.*

$$\begin{array}{ccc} \mathcal{D} & \xrightarrow{D} & \mathcal{D} \\ V\uparrow & & \uparrow U \\ \mathcal{D}^m & \xrightarrow{\Delta} & \mathcal{D}^m \end{array}$$

(ii) *L'application* U *induit un isomorphisme de* $\mathcal{D}$-*modules à gauche :*

$$\mathcal{D}^m/\mathcal{D}^m\Delta \longrightarrow \mathcal{D}D .$$

(iii) *Les applications* D *et* Δ *sont injectives.*

(iv) *Le morphisme de complexes de* $\mathcal{D}$-*modules à gauche libres de type fini :*

$$\begin{array}{ccccccccccc} \ldots & \longrightarrow & 0 & \longrightarrow & \mathcal{D} & \xrightarrow{D} & \mathcal{D} & \longrightarrow & 0 & \longrightarrow & \ldots \\ & & \uparrow & & V\uparrow & & U\uparrow & & \uparrow & & \\ \ldots & \longrightarrow & 0 & \longrightarrow & \mathcal{D} & \xrightarrow{\Delta} & \mathcal{D}^m & \longrightarrow & 0 & \longrightarrow & \ldots \end{array}$$

est un quasi-isomorphisme.

LEMME 1.6.15. *Soient* Δ_1 *et* Δ_2 *deux systèmes semblables. On a un isomorphisme de complexes de* $\mathcal{D}$-*modules à gauche libres de type fini :*

$$\begin{array}{ccccccccccc} \ldots & \longrightarrow & 0 & \longrightarrow & \mathcal{D}^m & \xrightarrow{\Delta_1} & \mathcal{D}^m & \longrightarrow & 0 & \longrightarrow & \ldots \\ & & & & P\uparrow & & \uparrow P & & & & \\ & \longrightarrow & 0 & \longrightarrow & \mathcal{D}^m & \xrightarrow{\Delta_2} & \mathcal{D}^m & \longrightarrow & 0 & \longrightarrow & \ldots \end{array}$$

induisant un isomorphisme

$$\mathcal{D}^m/\mathcal{D}^m\Delta_2 \xrightarrow{\sim} \mathcal{D}^m/\mathcal{D}^m\Delta_1 .$$

THEOREME 1.6.16. Soit $\Delta = \frac{d}{dx} - A$, $A \in \mathrm{End}(m,K)$ un système d'ordre un . Il existe un opérateur $D \in \mathcal{D}$, d'ordre m , tel que le système d'ordre un Δ_1 associé à D soit semblable à Δ .

Ce résultat est bien connu (JACOBSON [17], DELIGNE [8]). En voici une démonstration simple et effective dans le cas où $K = K_s$, avec $s \leq 1$ (corps de fonctions), inspirée de COPE [6].

Soit $\Lambda = (\lambda_1,\dots,\lambda_m)$, avec $\lambda_i \in \mathbb{C}[x]$ $(i = 1,\dots,m)$, pour l'instant quelconque.

On construit par récurrence sur les lignes une matrice

$$B = (b_{i,j})_{\substack{i=0,\dots,m \\ j=1,\dots,m}} \quad \text{en posant :}$$

$$(b_{o,1} \cdots b_{o,m}) = \Lambda \quad \text{et}$$

$$(b_{i+1,1} \cdots b_{i+1,m}) = \frac{d}{dx}(b_{i,1} \cdots b_{i,m}) + (b_{i,1} \cdots b_{i,m})\, A$$

$(i = 0,\dots,m-1)$.

On pose $B_m = (b_{i,j})_{\substack{i=0,\dots,m-1 \\ j=1,\dots,m}}$ et $B_o = (b_{i,j})_{\substack{i=1,\dots,m \\ j=1,\dots,m}}$.

On a évidemment la relation

$$B_o = \frac{dB_m}{dx} + B_m A . \tag{1.6.17}$$

Le déterminant

$$\begin{vmatrix} \alpha_o & b_{o,1} \cdots b_{o,m} \\ \cdot & \\ \cdot & \\ \cdot & \\ \alpha_m & b_{m,1} \cdots b_{m,m} \end{vmatrix}$$

où les α_i $(i = 0,\dots,m)$ sont des indéterminées, s'écrit $b_m\alpha_m + \dots + b_o\alpha_o$, avec $b_m = (-1)^m \,\text{dét}\, B_m$ $(b_o,\dots,b_m \in K)$.

On suppose maintenant vérifiée la condition :

(1.6.18). La fonction dét B_m n'est pas identiquement nulle au voisinage de zéro.

(Condition portant sur Λ) .

On pose alors : $a_i = b_i\, b_m^{-1}$ $(i = 0,\dots,m)$.

On a :

$$(b_{m,1}\dots b_{m,m}) = a_o(b_{o,1}\dots b_{o,m}) + \dots + a_{m-1}(b_{m-1,1}\dots b_{m-1,m}) ,$$

d'où la relation :

(1.6.19) $$B_o = C\, B_m \text{ , \underline{avec}}$$

$$C = \begin{pmatrix} 0 & 1 & 0\dots 0 \\ 0 & 0 & 1\dots 0 \\ \vdots & & \\ -a_o & -a_1 & -a_2\dots -a_{m-1} \end{pmatrix} .$$

De (1.6.17) et (1.6.19) on déduit :

$$C = \frac{dB_m}{dx} B_m^{-1} + B_m A\, B_m^{-1} \text{ , et}$$

en posant $B_m^{-1} = P$:

$$C = P^{-1}AP - P^{-1}\frac{dP}{dx} .$$ La matrice C est donc semblable à A , d'où le résultat, modulo la condition (1.6.18) .

<u>Remarque</u> 1.6.20.

Le principe de la démonstration repose sur la remarque suivante (cf. COPE [6]) :

Soit N un $\mathcal{D}$-module à gauche. On fait agir Δ sur N^m à gauche de manière évidente. Soit

$$Y = \begin{pmatrix} y_1 \\ \vdots \\ y_m \end{pmatrix} \in N^m .$$ On pose

$z = \Lambda\, Y$. On vérifie facilement que

$$\begin{pmatrix} z \\ \frac{dz}{dx} \\ \vdots \\ \frac{d^m z}{dx^m} \end{pmatrix} = BY + F\Delta Y \quad (F \text{ matrice convenable}).$$

Si Y est solution de Δ (i.e. $\Delta Y = 0$) , on en déduit que z est solution de l'opérateur $D = (\frac{d}{dx})^m + a_{m-1}(\frac{d}{dx})^{m-1} + \dots + a_o$.

Il reste maintenant à montrer que l'on peut satisfaire à la condition (1.6.18).

La matrice B s'écrit :

$$B = \begin{pmatrix} \Lambda \\ \frac{d}{dx}\Lambda + \Lambda\, \Phi_{2o} \\ (\frac{d}{dx})^2 \Lambda + \frac{d}{dx}\Lambda\, \Phi_{31} + \Phi_{3o} \\ \dots\dots\dots\dots\dots\dots\dots \\ (\frac{d}{dx})^m \Lambda + (\frac{d}{dx})^{m-1}\Lambda\, \Phi_{m+1,m-1} + \dots + \Lambda\, \Phi_{m+1,o} \end{pmatrix};$$

où les Φ_{ij} sont des matrices, fonctions algébriques de A, $\frac{dA}{dx}$, $\dots(\frac{d}{dx})^{m-1} A$.

Soit Ω^* un disque pointé de centre 0 sur lequel tous les a_{ij} (coefficients de A) sont définis.

L'existence de $\Lambda \in (\mathbb{C}[x])^m$ satisfaisant la condition (1.6.18) résulte immédiatement du

LEMME 1.6.20. <u>Le point</u> x_o <u>étant fixé dans</u> Ω^* , <u>soit</u> $L \in \mathrm{End}(m;\mathbb{C})$ <u>une matrice fixée arbitraire). Alors on peut trouver</u> $\Lambda = (\lambda_1,\dots,\lambda_m) \in (\mathbb{C}[x])^m$, <u>avec</u> degré $\lambda_i \leq m$ $(i = 1,\dots,m)$, <u>tel que</u> $B_m(x_o) = L$. <u>Les</u> λ_i $(i = 1,\dots,m)$ <u>sont déterminés de manière unique par ces conditions</u>.

Notons $L = (\ell_{i,j})$ et $\ell_i = (\ell_{i,1}\dots\ell_{i,m})$.

Il s'agit de réaliser les conditions

$$\Lambda(x_o) = \ell_1$$

$$(\frac{d}{dx}\Lambda)(x_o) + \Lambda(x_o)\Phi_{2o}(x_o) = \ell_2 \tag{1.6.21}$$

$$\vdots$$

Ces conditions sont équivalentes aux

$$\Lambda(x_o) = \ell_1$$

(1.6.22) $$(\frac{d}{dx}\Lambda)(x_o) = \ell_2 - \Lambda(x_o)\Phi_{20}(x_o)$$

$$(\frac{d^2}{dx^2}\Lambda)(x_o) = \ell_3 - (\frac{d}{dx}\Lambda)(x_o)\Phi_{31}(x_o) - \Lambda(x_o)\Phi_{30}(x_o) .$$

Les Φ_{ij} sont définies en x_o (Λ et ses dérivées le sont).

Les conditions (1.6.22) considérées comme équations en $\Lambda(x_o)$, $(\frac{d}{dx}\Lambda)(x_o),\ldots,(\frac{d^{n-1}}{dx^{n-1}}\Lambda)(x_o)$ admettent une solution unique. On détermine ensuite les λ_i $(i = 1,\ldots,m)$ de façon unique (degré $\lambda_i \leq m$) en utilisant la formule de Taylor.

Remarque 1.6.23.

Si $A \in \mathrm{End}(m;\mathbb{Q}[x](x^{-1}))$, on peut choisir $x_o \in \mathbb{Q}$. On a alors $\Phi_{ij}(x_o) \in \mathbb{Q}$ et si $L \in GL(m;\mathbb{Q})$, on trouve $\Lambda \in (\mathbb{Q}[x])^m$ et $P \in GL(m;\mathbb{Q}[x][x^{-1}])$. (On peut remplacer $\mathbb{Q}$ par une extension algébrique).

Un système $\Delta = \frac{d}{dx} - A$ admet (FABRY, HUKUHARA [16], TURRITTIN [44],...) une solution fondamentale de la forme $\hat{H}(t)t^{\Lambda}\, e^{Q(1/x)}$, où $\hat{H} \in GL(m;\mathbb{C}[[t]])$, Λ est une matrice constante, $Q(\frac{1}{t})$ est diagonale à coefficient dans $\mathbb{C}[\frac{1}{t}]$ ($t^q = x$; $q \in \mathbb{N}^*$ convenable). La matrice Q et la Jordanisée de Λ fournissent les invariants formels* du système Δ (invariants par similitude). Nous laissons le lecteur les relier aux invariants de $M = \mathcal{D}^m/\mathcal{D}^m\Delta$ étudiés plus haut. En particulier, les α_i sont les éléments diagonaux de $\mathbb{Q}(\frac{1}{t})$; ils sont répétés avec leur multiplicité. On en déduit en particulier l'existence d'un polygone de Newton $P^+(\Delta)$ de $\Delta : P^+(\Delta) = P^+(M)$ (cf. LEVELT [24]), des k-caractéristiques correspondantes, ...

Comparons maintenant les "solutions" d'un opérateur D , d'un système Δ et d'un $\mathcal{D}$-module de rang fini M .

---

* CF. BALSER-JURKAT-LUTZ [1].

DEFINITION 1.6.24. *Soit* N *un* $\mathcal{D}$*- module à gauche.*

(i) *Le complexe des solutions de* D *dans* N est :

$$\to 0 \to N \xrightarrow{D} N \to 0 \to \ldots .$$

L'espace des solutions (usuelles) de D *est* $\operatorname{Ker} D$. *Les "solutions" de* D *sont formées de* $\operatorname{Ker} D$ *et* $\operatorname{Coker} D$.

(ii) *Le complexe des solutions de* Δ *dans* N^n *est* :

$$\to 0 \to N^n \xrightarrow{\Delta} N^n \to 0 \to \ldots ;$$

L'espace des solutions (usuelles) de Δ *est* $\operatorname{Ker} \Delta$. *Les "solutions" de* Δ *sont formées de* $\operatorname{Ker} D$ *et* $\operatorname{Coker} D$.

(iii) *Le complexe** *des solutions de* M *dans* N *est* $R\operatorname{Hom}_{\mathcal{D}}(M,N)$. *L'espace des solutions de* M *est* $\operatorname{Hom}_{\mathcal{D}}(M,N)$. *Les "solutions" de* M *sont les* $\operatorname{Ext}^i_{\mathcal{D}}(M,N)$ $(i \geq 0)$.

Le lecteur peu familier avec ce point de vue se reportera à BOUTET-DE-MONVEL-LEJEUNE-MALGRANGE [4] et à PHAM [39].

Supposons que Δ soit le système d'ordre un associé à un opérateur D et que $M = \mathcal{D}/\mathcal{D}D \xrightarrow{\sim} \mathcal{D}^m/\mathcal{D}^m\Delta$. (Un $\mathcal{D}$- module de rang fini M est toujours de cette forme cf. plus haut).

Les différentes notions de solutions coïncident :

on a un diagramme commutatif de résolutions $\mathcal{D}$- libres de type fini de M (Proposition 1.6.14) :

$$\begin{array}{ccccccccc}
\ldots \to 0 \to & \mathcal{D} & \longrightarrow & \mathcal{D} & \to & M & \to 0 \\
\uparrow & \uparrow V & & \uparrow U & & \uparrow & \\
\ldots \to 0 \to & \mathcal{D}^m & \longrightarrow & \mathcal{D}^m & \to & M & \to 0 .
\end{array}$$

En appliquant le foncteur $\operatorname{Hom}_{\mathcal{D}}(\cdot,N)$, on obtient le quasi-isomorphisme :

$$\begin{array}{ccccccccc}
\ldots \to 0 \to & N & \xrightarrow{D} & N & \to 0 \to \ldots \\
\downarrow & \downarrow u & & \downarrow v & \downarrow \\
\to 0 \to & N^m & \longrightarrow & N^m & \to 0 \to \ldots
\end{array}$$

(cf. MALGRANGE [30]).

---

* " A quasi-isomorphisme $\mathbb{C}$- linéaire près".

Les noyaux de D et Δ sont isomorphes et isomorphes à $\mathrm{Hom}_{\mathcal{D}}(M,N)$. Les conoyaux de D et Δ sont isomorphes et isomorphes à $\mathrm{Ext}^{i}_{\mathcal{D}}(M,M)$. On a $\mathrm{Ext}^{i}_{\mathcal{D}}(M,N) = 0$, pour $i \geq 2$.

PROPOSITION 1.6.25. *Soit* M *un* $\mathcal{D}$*-module de rang fini. Soient* $D \in \mathcal{D}$ *un opérateur et* $\Delta = \frac{d}{dx} - A$ *un système tels que l'on ait des isomorphismes de* $\mathcal{D}$*-modules à gauche* $M \xrightarrow{\sim} \mathcal{D}/\mathcal{D}D \xrightarrow{\sim} \mathcal{D}^m/\mathcal{D}^m\Delta$. *Soit* N *un* $\mathcal{D}$*-module à gauche. Alors* :

(i) $\mathrm{Ker}(N \xrightarrow{D} N)$, $\mathrm{Ker}(N^n \xrightarrow{\Delta} N^n)$ *et* $\mathrm{Hom}_{\mathcal{D}}(M,N)$ *sont des* $\mathbb{C}$*-espaces vectoriels isomorphes.*

(ii) $\mathrm{Coker}\ (N \xrightarrow{D} N)$, $\mathrm{Coker}\ (N^m \xrightarrow{\Delta} N^m)$ *et* $\mathrm{Ext}^{1}_{\mathcal{D}}(M,N)$ *sont des* $\mathbb{C}$*-espaces vectoriels isomorphes.*

(iii) $\mathrm{Ext}^{i}_{\mathcal{D}}(M,N) = 0$, *pour* $i \geq 2$.

(iv) *Les conditions suivantes sont équivalentes* :

(a) D *est à indice, d'indice* $\chi(D;N)$.

(b) Δ *est à indice, d'indice* $\chi(\Delta;N)$.

(c) $\underline{\underline{R}}\ \mathrm{Hom}_{\mathcal{D}}(M,N)$ *est à cohomologie de dimension finie sur* $\mathbb{C}$, *sa caractéristique d'Euler-Poincaré étant* $\chi(M;N)$.

De plus, si l'une de ces conditions est satisfaite, on a :

$$\chi(D;N) = \chi(\Delta;N) = \chi(M;N) .$$

Compte tenu des théorèmes d'indice Gevrey pour un opérateur (sous la forme du Théorème 1.5.11), on obtient immédiatement des théorèmes d'indice Gevrey pour un système d'ordre un ou un $\mathcal{D}$-module de rang fini.

On prend $\mathcal{D} = \mathcal{D}_1 = \mathbb{C}\{x\}[x^{-1}][\frac{d}{dx}]$ et $N = K_s = \mathbb{C}[[x]]_s[x^{-1}]$ (resp. $N = K_{(s)} = \mathbb{C}[[x]]_{(s)}[x^{-1}]$; ...) pour $s \geq 1$ (resp. $s > 1$; ...) .

On retrouve ainsi l'invariance du polygone de Newton, des k-caractéristiques et de leurs multiplicités (par invariance de l'indice). Les indices se calculent à partir de l'opérateur D^* (lui-même obtenu par la méthode exposée

---

* Et plus précisément à partir de ses invariants indiciels.

plus haut).

THEOREME 1.6.26. Soient M un $\mathcal{D}$-module de rang fini, $D \in \mathcal{D}_1$ un opérateur et $\Delta = \frac{d}{dx} - A$ un système $(A \in \mathrm{End}(m;K_1))$, tels que l'on ait des isomorphismes de $\mathcal{D}_1$-modules à gauche $M \xrightarrow{\sim} \mathcal{D}_1/\mathcal{D}_1 D \xrightarrow{\sim} \mathcal{D}_1^m/\mathcal{D}_1^m \Delta$. Alors :

(i) (a) Les opérateurs

$$K_s^m = (\mathbb{C}[[x]]_s[x^{-1}])^m \xrightarrow{D} (\mathbb{C}[[x]])^m [x^{-1}])^m$$ sont d'indice fini égal à $\chi(D;K_s) = \chi_s(D) - \chi_\infty(D)$, pour $s \geq 1$.

(b) Les $\mathbb{C}$-espaces vectoriels $\mathrm{Hom}_{\mathcal{D}}(M,K_s)$ et $\mathrm{Ext}^1_{\mathcal{D}}(M,K_s)$ sont de dimension finie et $\chi(M;K_s) = \chi_s(D) - \chi_\infty(D)$, pour $s \geq 1$.

(ii) (a) Les opérateurs

$$K_{(s)}^m = (\mathbb{C}[[x]]_{(s)}[x^{-1}])^m \xrightarrow{\Delta} (\mathbb{C}[[x]]_{(s)}[x^{-1}])^m$$ sont d'indice fini égal à $\chi(D;K_{(s)}) = \chi_{(s)}(D) - \chi_\infty(D)$, pour $s > 1$.

(b) Les $\mathbb{C}$-espaces vectoriels $\mathrm{Hom}_{\mathcal{D}}(M,K_{(s)})$ et $\mathrm{Ext}^1_{\mathcal{D}}(M,K_{(s)})$ sont de dimension finie et $\chi(M;K_{(s)}) = \chi_{(s)}(D) - \chi_\infty(D)$, pour $s > 1$.

(iii) (a) Les opérateurs

$$K_{(s,A+)}^m = (\mathbb{C}[[x]]_{(s,A+)}[x^{-1}])^m \xrightarrow{\Delta} (\mathbb{C}[[x]]_{(s,A+)}[x^{-1}])^m$$ et

$$K_{s,A-}^m = (\mathbb{C}[[x]]_{s,A-}[x^{-1}])^m \xrightarrow{\Delta} (\mathbb{C}[[x]]_{s,A-}[x^{-1}])^m$$ sont d'indices finis, respectivement égaux à

$$\chi(D;K_{(s,A+)}) = \chi_{(s,A+)}(D) - \chi_\infty(D)$$ et

$$\chi(D;K_{s,A-}) = \chi_{s,A-}(D) - \chi_\infty(D),$$ pour $s > 1$ et $A > 0$.

(b) Les $\mathbb{C}$-espaces vectoriels $\mathrm{Hom}_{\mathcal{D}}(M,K_{(s,A+)})$ (resp. $\mathrm{Hom}_{\mathcal{D}}(M,K_{s,A-})$) et $\mathrm{Ext}^1_{\mathcal{D}}(M,K_{(s,A+)})$ (resp. $\mathrm{Ext}^1_{\mathcal{D}}(M,K_{s,A-})$) sont de dimension finie, et,

$$\chi(M;K_{(s,A+)}) = \chi_{(s,A+)}(D) - \chi_\infty(D)$$ (resp.

$$\chi(M;K_{s,A-}) = \chi_{s,A-}(D) - \chi_\infty(D)).$$

(iv) Les différents indices ci-dessus se calculent à partir des invariants formels de M (ou Δ, ou D) et plus précisément à partir du polygone de Newton $P^+(M) = P^+(\Delta) = P^+(D)$, des k-caractéristiques correspondantes et de leur multiplicités (cf. Théorème 1.5.9.).

Nous laissons le lecteur écrire les théorèmes de comparaison pour un système (resp. un $\mathcal{D}$-module de rang fini) sur le modèle du Théorème 1.5.14.

II. THEOREMES D'INDICES DANS LES ESPACES D'ULTRADISTRIBUTIONS PONCTUELLES.

1. ESPACES D'ULTRADISTRIBUTIONS A SUPPORT PONCTUEL.

On note $\mathcal{C} = \mathcal{C}_{+\infty} = \mathbb{C}[\frac{d}{dx}]$ l'anneau (commutatif) des opérateurs différentiels d'ordre fini à coefficients constants, $\hat{\mathcal{C}} = \mathcal{C}_{-\infty} = \mathbb{C}[[\frac{d}{dx}]]$ l'anneau (commutatif) des opérateurs différentiels formels à coefficients constants.
On va introduire une double interpolation entre $\mathcal{C}$ et $\hat{\mathcal{C}}$:
On pose $\mathcal{C}_s = \mathbb{C}[[\frac{d}{dx}]]_{([1-s])}$ (opérateurs différentiels d'ordre infini à coefficients constants, vérifiant une condition de type Gevrey-Beurling $[1-s]$*)
et $\mathcal{C}_{(s)} = \mathbb{C}[[\frac{d}{dx}]]_{[1-s]}$ (condition Gevrey-Roumieu d'ordre $[1-s]$). On a une double filtration (croissante quand s décroît) :

$$\mathcal{C} = \mathcal{C}_{+\infty} \subset \mathcal{C}_s \subset \mathcal{C}_{(s)} \subset \mathcal{C}_{-\infty} = \hat{\mathcal{C}} .$$

Nous écrirons un opérateur $T \in \hat{\mathcal{C}}$ sous la forme $T = \sum_{m \geq o} c_n (\frac{d}{dx})^n$. On a :

2.1.1. $T \in \mathcal{C}_s \Leftrightarrow$ pour tout $A > 0$, il existe $C_A > 0$ tel que :

$$|c_n| < C_A (n!)^{-s} A^n ;$$

2.1.2. $T \in \mathcal{C}_{(s)} \Leftrightarrow$ Il existe $C > 0$, $A > 0$ tels que : $|c_n| < C(n!)^{-s} A^n$.
On constate immédiatement que $\mathcal{C}_1$ est l'anneau des opérateurs différentiels d'ordre infini (au sens de SATO) à coefficients constants. Pour $s > 1$ on a une double interpolation entre $\mathcal{C}$ et $\mathcal{C}_1$.
On vérifie finalement que $\mathcal{C}_s$ opère sur $\mathbb{C}[[x]]_s$, tandis que $\mathcal{C}_{(s)}$ opère sur $\mathbb{C}[[x]]_{(s)}$.
On introduit également une double interpolation entre $\mathcal{C}_s$ et $\mathcal{C}_{(s)}$:

On pose $\mathcal{C}_{s,A} = \mathbb{C}[[\frac{d}{dx}]]_{([1-s],A_+^{-1})}$ et $\mathcal{C}_{(s,A+)} = \mathbb{C}[[\frac{d}{dx}]]_{[1-s],A_-^{-1}}$.

---

* On écrit $[1-s]$ au lieu de $(1-s)$ pour éviter toute confusion.

On obtient la double filtration :

$$\mathbb{C}_s \subset \mathbb{C}_{(s,A+)} \subset \mathbb{C}_{s,A-} \subset \mathbb{C}_{(s)} \quad (A>0) .$$

On a :

2.1.3. $T \in \mathbb{C}_{s,A-} \Leftrightarrow$ Pour tout $B<A$, il existe $C_B>0$ tel que

$$|c_n| < C_B(n!)^{-s} B^{-n} ;$$

2.1.4. $T \in \mathbb{C}_{(s,A+)} \Leftrightarrow$ Il existe $B>A$ et $C>0$ tels que :

$$|c_n| < C(n!)^{-s} B^{-s} .$$

On vérifie finalement que $\mathbb{C}_s$ (resp. $\mathbb{C}_{(s)}$) opère sur $\mathbb{C}[[x]]_s$ (resp. $\mathbb{C}[[x]]_{(s)}$) .

Soit $T \in \hat{\mathbb{C}}$, $T = \sum_{n\geq 0} c_n \left(\frac{d}{dx}\right)^n$. On pose (formellement) : $T\delta = \sum_{n \geq 0} c_n \left(\frac{d}{dx}\right)^n \delta$

(δ étant la masse de Dirac à l'origine). Posant :

$< \left(\frac{d}{dx}\right)^n \delta , x^p > = < \delta, (-1)^n \left(\frac{d}{dx}\right)^n x^p >$, on définit un unique accouplement entre $\mathbb{C}_s \delta$ (resp. $\mathbb{C}_{(s)} \delta$; resp. $\mathbb{C}_{s,A-} \delta$; resp. $\mathbb{C}_{(s,A+)} \delta$) et $\mathbb{C}[[x]]_s$ (resp. $\mathbb{C}[[x]]_s$; resp. $\mathbb{C}[[x]]_{s,A-}$; resp. $\mathbb{C}[[x]]_{s,A+}$) prolongeant les formules ci-dessus : soient $T\delta = \sum_{n \geq 0} c_n \left(\frac{d}{dx}\right)^n \delta$ et $\hat{f}(x) = \sum_{p \geq 0} a_p x^p$,

on pose* : $< T\delta, \hat{f} > = \sum_{n \geq 0} (-1)^n \, n! \, a_n c_n$.

On a $\quad |c_n| < C_B(n!)^{-s} B^{-n}$ et $|a_n| < C\,(n!)^{s-1} B'^n$,

d'où $\quad |(-1)^n \, n! \, a_n c_n| < C \, C_B \left(\frac{B'}{B}\right)^n$ et la série est convergente si l'on choisit $B' < B$.

La démonstration est analogue dans les autres cas.

La topologie FN de $\mathbb{C}[[t]]_{([1-s])}$ se transporte à $\mathbb{C}_s$ puis à $\mathbb{C}_s \delta$. On topologise de même $\mathbb{C}_{(s)}, \mathbb{C}_{s,A-}, \mathbb{C}_{(s,A+)}$ (resp. DFN, FN, DFN) .

---

* Quand $T \in \mathbb{C}$, $T\delta$ est une distribution à support l'origine. Si de plus $\hat{f}$ converge, $< T\delta, \hat{f} >$ est la valeur de la fonctionnelle $T\delta$ appliquée à la fonction définie par $\hat{f}$.

Notons $U_s = \mathbb{C}_s\delta$, $U_{(s)} = \mathbb{C}_{(s)}\delta$, $U_{s,A-} = \mathbb{C}_{s,A-}\delta$ et $U_{(s,A+)} = \mathbb{C}_{(s,A+)}\delta$.

PROPOSITION 2.1.5. <u>Les accouplements</u>

$$U_s \times \mathbb{C}[[x]]_s \to \mathbb{C}$$
$$U_{(s)} \times \mathbb{C}[[x]]_{(s)} \to \mathbb{C}$$
$$U_{s,A-} \times \mathbb{C}[[x]]$$
$$U_{(s,A+)} \times \mathbb{C}[[x]]_{(s,A+)} \to \mathbb{C}$$

<u>mettent ces espaces en dualité topologique</u> $(s \in [-\infty, +\infty], A>0)$.

Le cas général (s quelconque) se ramène au cas $s = 1$ en utilisant l'application $\psi_{k,1,o}$ introduite en 1.3, qui est compatible avec les accouplements. Nous nous limiterons donc à ce dernier.

Soit $S = \mathbb{P}_1(\mathbb{C})$ la sphère de Riemann. On désigne par K un disque fermé centré à l'origine 0 , de rayon $R>0$. On note $\mathcal{O}(K)$ l'espace (de type DFN) des fonctions holomorphes au voisinage de K , et $I(S-K)$ l'espace des fonctions holomorphes sur le disque ouvert $S-K$ s'annulant en ∞ (de type FN) . Pour $f \in \mathcal{O}(K)$ il existe un disque ouvert D de centre 0 (dépendant de f) sur lequel f est holomorphe, avec $K \subset D$. Pour $f \in \mathcal{O}(K)$ et $g \in I(S-K)$ fixés, l'intégrale $\int_\gamma f(x)g(x)dx$, où γ est un cercle de centre 0 contenu dans la couronne ouverte $D \cap (S-K)$ est indépendante des choix de D et γ . On pose

$$<f,g> = \int_\gamma f(x)g(x)dx \; .$$

L'accouplement ainsi défini met en dualité les espaces $\mathcal{O}(K)$ et $I(S-K)$ (cf. par exemple GROTHENDIECK [15]). Par ailleurs l'application $\psi_{1,1,o}$ (cf. 1.3.) fournit un isomorphisme topologique entre $\mathcal{O}(K)$ et $\mathbb{C}[[x]]_{1,\frac{1}{R}-}$, tandis que l'application $\mathbb{C}$-linéaire "Résidu à l'origine" définie par

$$\text{Rés}\left(\frac{1}{x^{n+1}}\right) = 2i\pi \frac{(-1)^n}{n!}\left(\frac{d}{dx}\right)^n \delta \qquad (n \in \mathbb{N}) ,$$

fournit un isomorphisme topologique entre $I(S-K)$ et $U_{1,\frac{1}{R}-}$. Ces isomorphismes sont compatibles aux accouplements. On a ainsi établi la dualité entre $U_{1,\frac{1}{R}-}$ et $\mathbb{C}[[x]]_{1,\frac{1}{R}-}$. En remplaçant K par $\{0\}$ on obtient la dualité entre U_1 et $\mathbb{C}[[x]]_1 = \mathbb{C}\{x\}$. Les deux autres cas se traitant en échangeant les rôles de 0 et ∞.

Les transposés des opérateurs x et $\frac{d}{dx}$ opérant sur $\mathbb{C}[[x]]_s$ (resp. ...) sont respectivement les opérateurs x et $-\frac{d}{dx}$ opérant sur U_s (resp. ...). Plus généralement le transposé de $D = \sum_i a_i(x) (\frac{d}{dx})^i$ est

$$D^* = \sum_i a_i(x) (-1)^i (\frac{d}{dx})^i .$$

Soit $s > 1$. On vérifie immédiatement que U_s est l'espace des ultradistributions Gevrey-Roumieu d'ordre s à support dans $\{0\}$ dérivées holomorphes (d'ordre fini ou non) de la masse de Dirac δ. De même $U_{(s)}$ est l'espace des ultradistributions Gevrey-Beurling d'ordre s à support dans $\{0\}$ dérivées holomorphes (d'ordre fini ou non) de la masse de Dirac δ (cf. KOMATSU [19]). Il est également immédiat que U_1 est formé des hyperfonctions (au sens de SATO) à support dans $\{0\}$ dérivées holomorphes de la masse de Dirac δ, tandis que $U_{+\infty}$ est formé des distributions dérivées holomorphes (d'ordre fini) de δ. Ainsi U_s et $U_{(s)}$ réalisent, pour $s > 1$, une double interpolation entre $U_{+\infty}$ et U_1 (i.e. entre distribution ponctuelles et hyperfonctions).

En revenant aux définitions et en remarquant que le passage au transposé échange $x^{k+1}\frac{d}{dx}$ et $-x^{k+1}\frac{d}{dx}$ on obtient le

LEMME 2.1.6. <u>Les polygones de Newton</u> $P(D)$ <u>et</u> $P(D^*)$ <u>coïncident. Si</u> $k > s$ <u>est la pente d'un côté de</u> $P(D)$, <u>si</u> $p_k(u)$ <u>est l'équation déterminante correspondante pour</u> D, <u>l'équation déterminante pour</u> D^* <u>est</u> $p_k(-u)$. <u>Les opérateurs</u> D <u>et</u> D^* <u>ont les mêmes</u> k-<u>caractéristiques avec les mêmes invariants indiciels)</u>.

Ainsi, par dualité, l'existence et le calcul de l'indice pour l'opérateur

$U_s \xrightarrow{D} U_s$ (resp. ...) se ramènent à l'existence et au calcul de l'indice pour l'opérateur $\mathbb{C}[[x]]_s \xrightarrow{D^*} \mathbb{C}[[x]]_s$ (d'après la Proposition 2.1.5. et le Théorème 0.10). On a * $\chi'(D) = -\chi(D^*)$, le calcul de $\chi(D^*)$ se faisant à l'aide d'invariants de D^* qui coïncident avec des invariants de D (Lemme 2.1.6.), d'où $\chi'(D) = -\chi(D^*) = -\chi(D)$.

On obtient ainsi les Théorèmes d'indice et de comparaison :

THEOREME 2.1.7. Soit $D \in \mathbb{C}\{x\}[\frac{d}{dx}]$.

(i) (a) Les opérateurs $U_s \xrightarrow{D} U_s$ sont d'indice fini $\chi'_s(D)$ pour $s \geq 1$.

(b) Les opérateurs $U_{(s)} \xrightarrow{D} U_{(s)}$ sont d'indice fini $\chi'_{(s)}(D)$ pour $s > 1$.

(c) Les opérateurs $U_{(s,A+)} \xrightarrow{D} U_{(s,A+)}$ sont d'indice fini $\chi'_{(s,A+)}(D)$ pour $s > 1$ et $A > 0$.

Les opérateurs $U_{s,A-} \xrightarrow{D} U_{s,A-}$ sont d'indice fini $\chi'_{s,A-}(D)$ pour $s > 1$ et $A > 0$.

(ii) Si $s > 1$ est "générique" : $s \neq s_1, \ldots, s_\ell$, on a

$$\chi'_s(D) = \chi'_{(s)}(D) = \chi_{(s,A+)}(D) = \chi_{s,A-}(D) = -\chi_s(D) = v(a_{i(k)}) - i(k) .$$

(iii) Si $s = s_1, \ldots, s_\ell$, on a :

$$\chi'_s(D) = -\chi_s(D) = v(a_{i_1(k)}) = i_1(k) \quad \text{et}$$

$$\chi'_{(s)}(D) = -\chi_{(s)}(D) = v(a_{i_2(k)}) - i_2(k) \quad \text{et}$$

(a) si A est "générique" : $A \neq A_{k,\iota}$, on a

$$\chi'_{s,A-}(D) = \chi'_{(s,A+)}(D) = -\chi_{(s,A+)}(D) = \chi'_{(s)}(D) - k\beta(A) ;$$

---

* On note χ' pour D opérant sur $U_{-\infty}$, χ pour D opérant sur $\mathbb{C}[[x]]$.

(b) Si $A = A_{k,\iota}$ (pour ι convenable), on a

$$\chi'_{(s,A+)}(D) = -\chi_{(s,A+)}(D) = \chi'_{(s)}(D) - k\beta_2(A) \quad \text{et}$$

$$\chi'_{(s,A+)}(D) = -\chi_{(s,A-)}(D) = \chi'_{(s)}(D) - k\beta_1(A) .$$

Ces résultats sont duaux de ceux du Théorème 1.5.9. .

Nous laissons le lecteur donner un énoncé analogue pour $D \in \mathbb{C}[[x]]_{s_0}[\frac{d}{dx}]$ en dualisant le Théorème 1.5.10).

De la densité de $U_{+\infty}$ dans U_s on déduit la

PROPOSITION 2.1.8. Soit $D \in \mathbb{C}\{x\}[\frac{d}{dx}]$. Soient $s > 1$ et $A > 0$. Les applications

$$U_s / U_{+\infty} \xrightarrow{D} U_s / U_{+\infty} ,$$

$$U_{(s)} / U_{+\infty} \xrightarrow{D} U_{(s)} / U_{+\infty} ,$$

$$U_{(s,A+)} / U_{+\infty} \xrightarrow{D} U_{(s,A+)} / U_{+\infty} ,$$

$$U_{s,A-} / U_{+\infty} \xrightarrow{D} U_{s,A-} / U_{+\infty}$$

sont surjectives. Leurs noyaux sont de dimension finie égale respectivement à

$$\chi'_s(D) - \chi'_{+\infty}(D) = \chi_{+\infty}(D) - \chi_s(D) ,$$

$$\chi'_{(s)}(D) - \chi'_{+\infty}(D) = \chi_{+\infty}(D) - \chi_{(s)}(D) ,$$

$$\chi'_{(s,A+)}(D) - \chi'_{+\infty}(D) = \chi_{+\infty}(D) - \chi_{(s,A+)}(D) ,$$

$$\chi'_{s,A-}(D) - \chi'_{+\infty}(D) = \chi_{+\infty}(D) - \chi_{s,A-}(D) .$$

Ces dimensions peuvent être calculées explicitement en utilisant le Théorème 1.5.9. (ii), (iii).

En dualisant les résultats du Théorème 1.5.14*, on obtient le

---

* Le transposé d'un quasi-isomorphisme est un quasi-isomorphisme dans les situations considérées : les flèches du cylindre sont des homomorphismes et le transposé du cylindre est le cylindre de la transposée.

THEOREME 2.1.9. Soit $D \in \mathbb{C}\{x\}[\frac{d}{dx}]$.

(i) Soient $\sigma_1 \leq \sigma_2$.

(a) $\sigma_1, \sigma_2 \in [1,+\infty]$. Les conditions suivantes sont équivalentes :

(α) Le morphisme naturel

$$\begin{array}{ccccccc} 0 & \longrightarrow & U_{\sigma_2} & \xrightarrow{D} & U_{\sigma_2} & \longrightarrow & 0 \\ \downarrow & & \downarrow & & \downarrow & & \downarrow \\ 0 & \longrightarrow & U_{\sigma_1} & \xrightarrow{D} & U_{\sigma_1} & \longrightarrow & 0 \end{array}$$

est un quasi-isomorphisme.

(β) , (γ) (cf. Théorème 1.5.14 (i), (a) (β) (γ)).

(b) $\sigma_1, \sigma_2 \in]1,+\infty]$. Les conditions suivantes sont équivalentes :

(α) Le morphisme naturel

$$\begin{array}{ccccccc} 0 & \longrightarrow & U_{(\sigma_2)} & \longrightarrow & U_{(\sigma_2)} & \longrightarrow & 0 \\ \downarrow & & \downarrow & & \downarrow & & \downarrow \\ 0 & \longrightarrow & U_{(\sigma_1)} & \xrightarrow{D} & U_{(\sigma_1)} & \longrightarrow & 0 \end{array}$$

est un quasi-isomorphisme.

(β), (γ) (cf. Théorème 1.5.14 (i) (b) (β), (γ)).

(ii) Soit $s \in]1,+\infty]$. Les conditions suivantes sont équivalentes :

(α) Le morphisme naturel

$$\begin{array}{ccccccc} 0 & \longrightarrow & U_{s} & \xrightarrow{D} & U_{s} & \longrightarrow & 0 \\ \downarrow & & \downarrow & & \downarrow & & \downarrow \\ 0 & \longrightarrow & U_{(s)} & \xrightarrow{D} & {}_{(s)} & \longrightarrow & 0 \end{array}$$

est un quasi-isomorphisme.

(β) $s \notin (s_1, \ldots, s_\ell)$.

(γ) $\chi'_s(D) = \chi'_{(s)}(D)$ (ou $\chi_s(D) = \chi_{(s)}(D)$) .

(iii) Soit $s \in]1,+\infty]$ fixé. Soient $B_1 < B_2$ $(B_1, B_2 \in]0,+\infty[)$.

(a) Les conditions suivantes sont équivalentes :

(α) Le morphisme naturel

$$\begin{array}{ccccccc} 0 & \longrightarrow & U_{s,B_2-} & \xrightarrow{D} & U_{s,B_2-} & \longrightarrow & 0 \\ \downarrow & & \downarrow & & \downarrow & & \downarrow \\ 0 & \longrightarrow & U_{s,B_1-} & \xrightarrow{D} & U_{s,B_1-} & \longrightarrow & 0 \end{array}$$

est un quasi-isomorphisme.

(β), (γ) (cf. Théorème 1.5.14) (iii)(a) (β),(γ)).

(b) Les conditions suivantes sont équivalentes :

(α) Le morphisme naturel

$$\begin{array}{ccccccc} 0 & \longrightarrow & U_{(s,B_2+)} & \xrightarrow{D} & U_{(s,B_2+)} & \longrightarrow & 0 \\ \downarrow & & \downarrow & & \downarrow & & \downarrow \\ 0 & \longrightarrow & U_{(s,B_1+)} & \xrightarrow{D} & U_{(s,B_1+)} & \longrightarrow & 0 \end{array}$$

est un quasi-isomorphisme.

(β), (γ) (cf. Théorème 1.5.14 (iii) (b) (β), (γ)) .

(iv) Soit $\sigma \in]1,+\infty]$

(a) Les conditions suivantes sont équivalentes :

(α) Le morphisme naturel

$$\begin{array}{ccccccc} 0 & \longrightarrow & U_{\sigma} & \xrightarrow{D} & U_{\sigma} & \longrightarrow & 0 \\ \downarrow & & \downarrow & & \downarrow & & \downarrow \\ 0 & \longrightarrow & U_1 & \xrightarrow{D} & U_1 & \longrightarrow & 0 \end{array}$$

est un quasi-isomorphisme.

(β) D est σ - corégulier

(b) Les conditions suivantes sont équivalentes :

(α) Le morphisme naturel

$$\begin{array}{ccccccc} 0 & \longrightarrow & U_{(\sigma)} & \xrightarrow{D} & U_{(\sigma)} & \longrightarrow & 0 \\ \downarrow & & \downarrow & & \downarrow & & \downarrow \\ 0 & \longrightarrow & U_1 & \xrightarrow{D} & U_1 & \longrightarrow & 0 \end{array}$$

est un quasi-isomorphisme.

(β) D est (σ) - corégulier.

(v) Soit $s \in]1,+\infty]$.

(a) Les conditions suivantes sont équivalentes :

(α) Le morphisme naturel

$$\begin{array}{ccccccc} 0 & \longrightarrow & U_{+\infty} & \xrightarrow{D} & U_{+\infty} & \longrightarrow & 0 \\ \downarrow & & \downarrow & & \downarrow & & \downarrow \\ 0 & \longrightarrow & U_s & \longrightarrow & U_s & \longrightarrow & 0 \end{array}$$

est un quasi-isomorphisme.

(β) D est s - régulier.

(b) Les conditions suivantes sont équivalentes :

(α) *Le morphisme naturel*

$$\begin{array}{ccccccc} 0 & \longrightarrow & U_{+\infty} & \xrightarrow{D} & U_{+\infty} & \longrightarrow & 0 \\ \downarrow & & \downarrow & & \downarrow & & \downarrow \\ 0 & \longrightarrow & U_{(s)} & \longrightarrow & U_{(s)} & \longrightarrow & 0 \end{array}$$

est un quasi-isomorphisme.

(β) D *est* (s)-*régulier.*

(vi) *Soit* $s \neq s_1, \ldots, s_\ell$, $s \in]1,+\infty[$.

Alors les morphismes naturels $(A > 0)$:

$$\begin{array}{ccccccc} 0 & \longrightarrow & U_{s} & \xrightarrow{D} & U_{s} & \longrightarrow & 0 \\ \downarrow & & \downarrow & & \downarrow & & \downarrow \\ 0 & \longrightarrow & U_{(s,A+)} & \xrightarrow{D} & U_{(s,A+)} & \longrightarrow & 0 \\ \downarrow & & \downarrow & & \downarrow & & \downarrow \\ 0 & \longrightarrow & U_{s,A-} & \xrightarrow{D} & U_{s,A-} & \longrightarrow & 0 \\ \downarrow & & \downarrow & & \downarrow & & \downarrow \\ 0 & \longrightarrow & U_{(s)} & \xrightarrow{D} & U_{(s)} & \longrightarrow & 0 \end{array}$$

sont des quasi-isomorphismes.

III. EQUATIONS RATIONNELLES.

Dans toute cette partie, nous supposerons que D est à coefficients rationnels, appartenant à $\mathbb{C}[x,x^{-1}]$, ou plus particulièrement polynomiaux. Dans ce dernier cas D opère sur les espaces $\mathbb{C}[[x]]_s$, $\mathbb{C}[[x]]_{(s)}$, $\mathbb{C}[[x]]_{s,A-}$, $\mathbb{C}[[x]]_{(s,A+)}$, pour tout $s \in [-\infty, +\infty]$ (resp. $]-\infty, +\infty[$) . Nous nous proposons de montrer que les opérateurs correspondants sont à indice et de calculer ces indices. Le travail étant déjà fait pour $s \geq 1$ (resp. $s > 1$) , il nous reste à traiter le cas $s < 1$ (resp. $s \leq 1$). Ce dernier cas s'étudie en identifiant moyennant un "Résidu" des espaces de fonctions entières à croissance exponentielle à des espaces d'hyperfonctions ponctuelles dérivées holomorphes de la masse de Dirac à l'infini de $\mathbb{P}^1(\mathbb{C})$; l'action des opérateurs différentiels holomorphes commutant au Résidu, on se ramènera ainsi au cas traité dans la partie II*. On constatera qu'avec des définitions naturelles des invariants attachés à P(D) (prolongeant celles des invariants attachés à $P^+(D)$), les résultats sont formellement les mêmes pour $s \in [-\infty, +\infty]$ que pour $s \in [1, +\infty]$.

1. POLYGONE DE NEWTON ET CARACTERISTIQUES.

Soit $D \in \mathbb{C}[x,x^{-1}][\frac{d}{dx}]$. Au voisinage de l'infini D s'écrit

$$D_z \in \mathbb{C}[z,z^{-1}][\frac{d}{dz}] \text{ , avec } xz = 1 \text{ .}$$

On établit facilement le

LEMME 3.1.1. Les polygones de Newton P(D) et $P(D_z)$ sont symétriques par rapport à l'axe des abcisses.

On fait varier k dans $[0+,+\infty[\cup \{\infty\} \cup]-\infty,0-]$ avec la relation d'ordre suivante : si $k_1, k_2 \in [0^+,+\infty[$, $k_1 < k_2$ est la relation d'ordre usuelle, et

* Lui-même dual du cas $s \geq 1$.

de même pour $k_1, k_2 \in]-\infty, 0-]$.

Si $k_1 \in [0^+,+\infty[$ et $k_2 \in]-\infty,0-]$, on a $k_1 < \infty < k_2$.

Avec cette relation d'ordre, nous noterons $k_1 < k_2 < \dots < k_\ell < \dots < k_\ell$, les pentes des côtés du polygone de Newton $P(D)$. Les $k_1 < k_2 < \dots < k_\ell$ sont strictement positifs (au sens classique !) ; $P(D)$ possède un côté vertical si et seulement si $k_{\ell+1} = \infty$. Soit ℓ_∞ la longueur de ce côté. Soit ℓ_k la longueur de la projection sur l'axe des abcisses des autres côtés $(k = k_1, k_2, \dots)$. Si $k_{\ell+1} = \infty$, les ∞-caractéristiques de D sont les modules des zéros de $a_m(x)$. Nous les noterons $A_{\infty,z}$ et désignerons pour $\alpha(A_{\infty,z})$ les multiplicités correspondantes (nombre de zéros de module donné, comptés avec leur multiplicité). Si $k = k_j < 0$ (au sens habituel), désignons par $A_{|k|,z}(D_z)$ les $|k|$-caractéristiques de D_z , et par $\alpha(A_{|k|,z}(D_z))$ les multiplicités correspondantes. On définit également $\beta(A)$, $\beta_1(A)$, $\beta_2(A)$ comme dans I.1. .

DEFINITION 3.1.2. <u>Les</u> k-<u>caractéristiques de</u> D $(k = k_j < 0)$ <u>sont les</u>
$A_{k,z} = A^{-1}{}_{|k|,z}(D_z)$. <u>Les multiplicités correspondantes sont les</u>
$\alpha(A_{k,z}) = \alpha(A_{|k|,z}(D_z))$.

La droite d'appui de pente $k < 0$, $k \neq k_j$, touche $P(D)$ en un unique point $(i(k)\ ,\ d(a_{i(k)}) - i(k))$ ($d(a)$ étant le degré de a).

Si $k = k_j < 0$ est la pente d'un côté de $P(D)$ on désignera par $(i_1(k)\ ,\ d(a_{i_1(k)}) - i_1(k))$ l'origine et par $(i_2(k)\ ,\ d(a_{i_2(k)}) - i_2(k))$ l'extrémité de ce côté* ; $i_1(k) > i_2(k)$.

Si $k = k_{\ell+1} = \infty$, l'origine et l'extrémité du côté vertical de $P(D)$ sont respectivement $(m, v(a_m) - m)$ et $(m, d(a_m) - m)$.

---

* Le bord de $P(D)$ est parcouru dans le sens positif.

2. L'APPLICATION RESIDU ET LES THEOREMES D'INDICES.

Soit $\hat{f}(x) = \sum_{n \geq o} a_n x^n \in \mathbb{C}[[x]]$.

On a le résultat classique :

PROPOSITION 3.2.1. Si $\hat{f}$ est le jet à l'origine d'une fonction entière $f \in \mathcal{O}(\mathbb{C})$. Si ρ est l'ordre de f et τ son type, on a

$$1/\rho = \liminf_{n \geq o} (-\log|a_n|/n \log n) \quad \text{et}$$

$$(\tau e \rho)^{1/\rho} = \limsup_{n \geq o} n^{1/\rho} |a_n|^{1/n} .$$

Si $s < 1$, $\mathbb{C}[[x]]_s$ et $\mathbb{C}[[x]]_{(s)}$ sont des espaces de fonctions entières, on a le

LEMME 3.2.2. Soient $s < 1$ et $A > 0$.

(i) Les conditions suivantes sont équivalentes :

(a) $\hat{f} \in \mathbb{C}[[x]]_{(s,A+)}$.

(b) f est d'ordre $\rho = -k = \frac{1}{1-s}$ et de type $\tau \geq -\frac{1}{kA^k}$.

(ii) Les conditions suivantes sont équivalentes :

(a) $\hat{f} \in \mathbb{C}[[x]]_{s,A-}$.

(b) f est d'ordre $\rho = -k = \frac{1}{1-s}$ et de type $\tau < -\frac{1}{kA^k}$.

On définit classiquement l'application Résidu en $\infty \in \mathbb{P}^1(\mathbb{C})$ (SCHWARTZ, DOLBEAULT, HERRERA-LIEBERMANN ...) :

$$\frac{1}{z}\, \mathbb{C}\, [\tfrac{1}{z}] \xrightarrow{\text{Rés}} \mathcal{D}'\ (\mathbb{P}^1(\mathbb{C}))$$

par les conditions suivantes $(z = \frac{1}{x})$:

3.2.2.

(i) $\text{Rés}(\frac{1}{z^n}) = \bar{\partial}\ \text{VP}(\frac{1}{z^n}) = 2i\pi \frac{(-1)^n}{(n-1)!} (\frac{\partial}{\partial z})^{n-1} \delta_\infty \ (n \geq 1)$.

(ii) Rés est $\mathbb{C}$-linéaire.

Les opérateurs différentiels d'ordre fini à coefficients constants $(\mathcal{C} = \mathbb{C}[\frac{d}{dz}])$

opèrent sur $\frac{1}{z}\,\mathbb{C}[\frac{1}{z}]$ et sur $\mathbb{C}[\frac{d}{dz}]\,\delta_\infty$ de manière évidente.

On vérifie immédiatement que l'application Rés est $\mathbb{C}$-linéaire.

L'application Rés se prolonge en une application $\mathbb{C}$-linéaire :

$$\frac{1}{z}\,\mathbb{C}[[\tfrac{1}{z}]] \xrightarrow{\text{Rés}} \mathbb{C}[[\tfrac{d}{dz}]]\,\delta_\infty \text{ , qui est un isomorphisme.}$$

En revenant aux définitions des divers espaces introduits, on vérifie le

LEMME 3.2.4. <u>L'isomorphisme Résidu</u> $\frac{1}{z}\,\mathbb{C}[[\frac{1}{z}]] \longrightarrow \mathbb{C}[[\frac{d}{dz}]]\,\delta_\infty$ <u>induit des isomorphismes</u> $(s<1\,,\,A>0)$:

$$\text{(i)}\quad \tfrac{1}{z}\mathbb{C}[[\tfrac{1}{z}]]_{([2-s])} = x\mathbb{C}[[x]]_{([2-s])} \xrightarrow{\text{Rés}} \mathbb{C}[[\tfrac{d}{dz}]]_{([1-s])}\delta_\infty = U_s(\infty)\ ;$$

$$\text{(ii)}\quad \tfrac{1}{z}\mathbb{C}[[\tfrac{1}{z}]]_{[2-s]} = x\mathbb{C}[[x]]_{[2-s]} \xrightarrow{\text{Rés}} \mathbb{C}[[\tfrac{d}{dz}]]_{[1-s]}\,\delta_\infty = U_{(s)}(\infty)\ ;$$

$$\text{(iii)}\quad \tfrac{1}{z}\mathbb{C}[[\tfrac{1}{z}]]_{([2-s],A+)} = x\mathbb{C}[[x]]_{([2-s],A+)} \xrightarrow{\text{Rés}} \mathbb{C}[[\tfrac{d}{dx}]]_{([1-s],A+)}\delta_\infty = U_{s,A-}(\infty)\,.$$

$$\text{(iv)}\quad \tfrac{1}{z}\mathbb{C}[[\tfrac{1}{z}]]_{[2-s],A-} = x\mathbb{C}[[x]]_{[2-s],A-} \xrightarrow{\text{Rés}} \mathbb{C}[[\tfrac{d}{dz}]]_{[1-s],A-}\delta_\infty = U_{(s,A+)}(D)\,.$$

Ces isomorphismes sont $\mathbb{C}[z][\frac{d}{dz}]$-linéaires*.

Si $D_z \in \mathbb{C}[z][\frac{d}{dz}] = \mathbb{C}[\frac{1}{x}][-x^2\,\frac{d}{dx}]$, l'existence et le calcul de son indice dans* $x\mathbb{C}[[x]]_\sigma$ (resp. ...) se ramène donc à l'existence et au calcul de son indice dans l'espace d'ultradistributions à l'infini $U_{([2-\sigma])}(\infty)$ (resp. ...).

Le Théorème 1.5.9. (pour $s \geq 1$; resp. $s > 1$), la traduction du Théorème 2.1.7., compte tenu du Lemme 3.2.4. (pour $s<1$) et des résultats classiques (MALGRANGE [29], [30], KOMATSU [18] ; pour $s = 1$, $s = \pm\infty$) permettent d'établir sans difficulté le

THEOREME 3.2.5. <u>Soit</u> $D \in \mathbb{C}\,[x][\frac{d}{dx}]$. <u>Pour tout</u> $s \in [-\infty,+\infty]$ et $A>0$:

(i) (a) <u>Les opérateurs</u> $\mathbb{C}[[x]]_s \xrightarrow{D} \mathbb{C}[[x]]_s$ <u>sont d'indice fini</u> $\chi_s(D)$.

(b) <u>Les opérateurs</u> $\mathbb{C}[[x]]_{(s)} \xrightarrow{D} \mathbb{C}[[x]]_{(s)}$ <u>sont d'indice fini</u> $\chi_{(s)}(D)$.

+ On identifie ici $\frac{1}{z}\,\mathbb{C}[[\frac{1}{z}]]_\sigma$ au quotient $\mathbb{C}[[\frac{1}{z}]]_\sigma[z]/\,\mathbb{C}[z]$ (resp. ...)

(c) Les opérateurs $C[[x]]_{s,A-} \xrightarrow{D} C[[x]]_{s,A-}$ sont d'indice fini $\chi_{s,A-}(D)$.

(d) Les opérateurs $C[[x]]_{(s,A+)} \xrightarrow{D} C[[x]]_{(s,A+)}(D)$ sont d'indice fini $\chi_{(s,A+)}(D)$.

(ii) Si s est "générique" : $s \neq s_1,\dots,s_\ell,\dots,s_{\ell'}$, on a

$$\chi_s(D) = \chi_{(s)}(D) = \chi_{s,A-}(D) = \chi_{(s,A+)}(D) = i(k) - v(a_{i(k)}) .$$

(iii) Si $s = s_1,\dots,s_\ell,\dots,s_{\ell'}$, on a

$$\chi_s(D) = i_1(k) - v(a_{i_1(k)}), \chi_{(s)}(D) = i_2(k) - v(a_{i_2(k)}) \quad \text{et}$$

(a) Si A est "générique" : $A \neq A_{k,\iota}$, on a

$$\chi_{(s,A+)}(D) = \chi_{s,A-}(D) = \chi_{(s)}(D) + k\beta(A)$$

(resp. $\chi_{(1)}(D) + \beta(A)$ pour $k = k_{\ell+1} = \infty$) ;

(b) Si $A = A_{k,\iota}$ pour ι convenable), on a

$$\chi_{(s,A+)}(D) = \chi_{(s)}(D) + k\beta_2(A) \quad (\text{resp.}$$
$$\chi_{(1)}(D) + \beta_2(A) \quad \text{si} \quad k = k_{\ell+1} = \infty) \quad \text{et}$$
$$\chi_{s,A-}(D) = \chi_{(s)}(D) + k\beta_1(A) \quad (\text{resp.}$$
$$\chi_{(1)}(D) + \beta_1(A) \quad \text{si} \quad k = k_{\ell+1} = \infty) .$$

Par densité de $C[x]$ dans $C[[x]]_s$ (resp. ....) on obtient la

PROPOSITION 3.2.6. Soient $s \in [-\infty,+\infty]$ et $A > 0$.
Les applications $C[[x]]_s / C[x] \xrightarrow{D} C[[x]]_s / C[x]$,

$$C[[x]]_{(s)} / C[x] \xrightarrow{D} C[[x]]_{(s)} / C[x] ,$$
$$C[[x]]_{s,A-} / C[x] \xrightarrow{D} C[[x]]_{s,A-} / C[x] ,$$
$$C[[x]]_{(s,A+)} / C[x] \xrightarrow{D} C[[x]]_{(s,A+)} / C[x]$$

sont surjectives.

COROLLAIRE 3.2.7. Si l'application $\mathbb{C}[x] \xrightarrow{D} \mathbb{C}[x]$ est surjective, il en est de même des applications

$$\mathbb{C}[[x]]_s \xrightarrow{D} \mathbb{C}[[x]]_s \,,\ \mathbb{C}[[x]]_{(s)} \xrightarrow{D} \mathbb{C}[[x]]_{(s)} \,,$$
$$\mathbb{C}[[x]]_{s,A-} \xrightarrow{D} \mathbb{C}[[x]]_{s,A-} \,,\ \mathbb{C}[[x]]_{(s,A+)} \xrightarrow{D} \mathbb{C}[[x]]_{(s,A+)} \,.$$

Si $D \in \mathbb{C}[\frac{d}{dx}]$, on étend sans difficulté la Proposition 1.5.10 au cas où $s \in [-\infty,+\infty]$, $A > 0$.

Dans les mêmes conditions, on généralise le Théorème 1.5.12 (Théorème de comparaison). On obtient en particulier des résultats de comparaison entre "solutions" polynomiales et "solutions" entières à croissance exponentielle. Nous laissons les détails au lecteur.

THEOREME 3.2.8. Soit $D \in \mathbb{C}[x][\frac{d}{dx}]$. Soient $\hat{f} \in \mathbb{C}[[x]]$ et $g \in \mathbb{C}[x]$ tels que $D\hat{f} = g$. (On note $\hat{f}(x) = \sum_{n \geq 0} a_n x^n$) .

Alors $f \in \mathbb{C}[x]$ où il existe un unique réel s et un unique réel strictement positif A tels que $\operatorname{Limsup}_{n \to +\infty} ((n!)^{1-s} a_n)^{1/n} = A$. De plus s est l'un des $s_1,\dots,s_\ell,\dots,s_{\ell'}$, et A est l'une des k - caractéristiques associées.

Il résulte en effet du Théorème 3.2.5. et de la Proposition 3.2.6. que si $\hat{f} \in \mathbb{C}[[x]]_{(s_j)}$, $\hat{f} \in \mathbb{C}[[x]]_{s_{j+1}}$. On en déduit par récurrence ascendante sur j (à partir de $s_o = +\infty$) qu'il existe $s \in s_1,\dots,s_\ell,\dots,s_{\ell'}$, tel que $\hat{f} \in \mathbb{C}[[x]]_s$ et $\hat{f} \notin \mathbb{C}[[x]]_{(s)}$ (ou que $f \in \mathbb{C}[x]$) . On termine la démonstration comme pour le Théorème 1.5.17.

COROLLAIRE 3.2.9. Soit $D \in \mathbb{C}[x][\frac{d}{dx}]$. On suppose $\mathbb{C}[x] \xrightarrow{D} \mathbb{C}[x]$ surjective. Alors il existe des séries formelles

$$\{f_{j,\iota,\gamma}\} \quad j = 1,\dots,\ell,\dots\ell'$$
$$\iota \text{ tel que } A_{k_j,\iota} \text{ soit } k_j\text{-caractéristique}$$
$$\gamma = 1,\dots,\alpha(A_{k_{j,\iota}})$$

et des polynômes $\{g_i\}_{i \in I \text{ fini}}$ tels que

$\{f_{j,\iota,\gamma}\} \cup \{g_i\}$ <u>forme une base de</u> $\mathrm{Ker}(\mathbb{C}[[x]] \xrightarrow{D} \mathbb{C}[[x]]/\mathbb{C}[x])$

<u>et que</u> $f_{j,\iota,\gamma} = \sum_{n\geq o} a_{j,\iota,\gamma,n} x^n$, <u>avec</u> $\underset{n\to+\infty}{\mathrm{Limsup}} \left((n!)^{1-s_j} a_{j,\iota,\gamma,n}\right)^{1/n} = A_{k_{j,\iota}}$.

Ce corollaire précise des résultats de PERRON [37]. (cf. aussi RAMIS-SCHIFFMANN [47]).

<u>Remarque</u> 3.2.10.

On peut obtenir des résultats beaucoup plus précis sur le comportement asymptotique des a_n pour $\hat{f}$ décrivant une base convenable de $\mathrm{Ker}(\mathbb{C}[[x]]/\mathbb{C}[x] \to \mathbb{C}[[x]]/\mathbb{C}[x])$ par des méthodes tout à fait différentes : cf. RAMIS [42], [43], [44], [45].

COROLLAIRE 3.2.11. <u>Soit</u> $D \in \mathbb{C}[x][\frac{d}{dx}]$.

<u>Soient</u> $f \in \mathcal{O}(\mathbb{C})$ <u>(fonction entière) et</u> $g \in \mathbb{C}[x]$ <u>tels que</u> $Df = g$. <u>Alors</u> f <u>est à croissance exponentielle d'ordre</u> $\rho \in \mathbb{Q}$ <u>et de type</u> $\tau > 0$.

<u>De plus</u> ρ <u>est l'un des</u> $|k_{\ell+1}|$ (<u>ou</u> $|k_{\ell+2}|$ <u>si</u> $k_{\ell+1} = \infty$), ..., $|k_{\ell'}|$ <u>et</u> $\tau = \frac{A^{|k|}}{|k|}$ <u>où</u> A <u>est l'une des</u> k - <u>caractéristiques correspondantes.</u>

On retrouve ainsi un résultat de VALIRON [55], [56], [57] (cf. aussi WIMAN [58]).

Remarquons que, pour ρ et A donnés, on peut majorer la dimension de l'espace des solutions entières d'ordre $\leq \rho$ et de type $\leq A$. Nous laissons les détails au lecteur.

En opposition frappante avec la situation $s > 1$ (cf. Théorème 1.5.18), il n'est en général pas vrai qu'une solution entière f d'équation différentielle algébrique :

$$G(x,f(x),f'(x),\dots,f^{(m)}(x)) = 0 \quad (G \in \mathbb{C}\,[X,Y_o,\dots,Y_m])$$

soit toujours à croissance exponentielle.

Un exemple simple est donné pour $m = 2$ par $G(X,Y_o,Y_1,Y_2) = Y_oY_1 - Y_1^2 - Y_oY_1$:
Pour $f(x) = e^{e^x}$, on a $G(x,f(x),f'(x),f''(x)) = 0$.

Notons* qu'il n'est même pas vrai, contrairement à ce que suggère BOREL [3], que la croissance d'une solution entière d'équation non linéaire algébrique soit du type

$$e^{e^{\cdot^{\cdot^{\cdot^{e^{|x|^k}}}}}}$$

Toutefois dans le cas d'une équation non linéaire algébrique d'ordre un $(G \in \mathbb{C}[X,Y_o,Y_1])$, une solution entière est toujours à croissance exponentielle d'ordre rationnel (VALIRON [55], [56], POLYA [40]).

<u>Remarque</u> 3.2.12. Soit $\sigma \in]-\infty,1[$. Soit $D \in \mathbb{C}[[x]]_\sigma[x^{-1}][\frac{d}{dx}]$.
Supposons qu'il existe $D_1 \in \mathbb{C}(x)[\frac{d}{dx}]$ semblable à D dans $\mathbb{C}[[x]]_\sigma[x^{-1}][\frac{d}{dx}]$.
On a alors des théorèmes d'indice pour D_1 , et donc pour D , dans les espaces $\mathbb{C}[[x]]_s[x^{-1}]$ $(s \geq \sigma)$, $\mathbb{C}[[x]]_{(s)}[x^{-1}]$ $(s > \sigma)$, ...
On en déduit en particulier que la partie à pentes $>\sigma$ du polygone de Newton de D_1 est indépendante du choix de D_1 et est un invariant de D (et de sa classe de similitude dans $\mathbb{C}[[x]]_\sigma[x^{-1}][\frac{d}{dx}]$) .
On a le "Théorème d'algébrisation" :

THEOREME 3.2.13. <u>Soit</u> $s \in [1,+\infty]$. <u>Soit</u> $D \in \mathbb{C}[[x]]_s[x^{-1}][\frac{d}{dx}]$.
<u>Il existe</u> $D_1 \in \mathbb{C}[x,x^{-1}][\frac{d}{dx}]$ <u>semblable à</u> D <u>dans</u> $\mathbb{C}[[x]]_s[x^{-1}][\frac{d}{dx}]$.

Pour $s = 1$ le résultat se déduit d'un théorème de BIRKHOFF [2] (cf. aussi SIBUYA [52]). Pour $s = +\infty$ il se déduit de la théorie classique des développements asymptotiques et pour $s \in]1,+\infty[$ d'un résultat établi indépendamment par MALGRANGE [33] et RAMIS [42], [44]. (Pour $s \in]1,+\infty[$ et $k = \frac{1}{s-1} > k_o$, invariant de Katz de D , l'argument de SIBUYA [52] s'adapte).
Le théorème 3.2.13. ne s'étend pas sans précaution au cas $s < 1$. Soit en effet $D \in \mathbb{C}[[x]]_s[\frac{d}{dx}]$ $(s < 1)$, $D = a_m(\frac{d}{dx})^m + \ldots + a_o$, la fonction entière

* Ceci m'a été signalé par Y. SIBUYA. Cf. VIJAYARAGHAVAN [66].

a_m ayant une infinité de zéros dans $\mathbb{C}$ (de tels exemples existent !) ; alors le conoyau de D dans $\mathcal{O}(\mathbb{C}) = \mathbb{C}[[x]]_{(s)}$ est de dimension infinie (KOMATSU [18]) et D n'est pas dans cet espace un opérateur à indice. Il en résulte que D n'est pas "algébrisable" dans $\mathbb{C}[[x]]_s[x^{-1}][\frac{d}{dx}]$. (Il y aurait sinon contradiction avec la Proposition 3.2.12.).

On a ainsi le

Problème 3.2.14.

Soit $s \in]-\infty,1[$. Soit $D \in \mathbb{C}[[x]]_s[x^{-1}][\frac{d}{dx}]$.

Sous quelles conditions existe-t-il $D_1 \in \mathbb{C}[x,x^{-1}][\frac{d}{dx}]$ semblable à D dans $\mathbb{C}[[x]]_s[x^{-1}][\frac{d}{dx}]$?

D'après ce qui précède, une condition nécessaire est que la fonction entière a_m ait un nombre fini de zéros dans $\mathbb{C}$.

3. APPLICATION AUX E-FONCTIONS.

Dans toute cette partie K désigne une extension normale finie du corps des rationnels : $\mathbb{Q} \subset K \subset \mathbb{C}$. On note $G = G(K/\mathbb{Q})$ son groupe de Galois.

Tout $\mathbb{Q}$-automorphisme Φ de K se prolonge de manière unique en un automorphisme de $K[x]$ laissant $\mathbb{Q}[x]$ invariant, puis en un automorphisme de $K[x][\frac{d}{dx}]$ Laissant $\mathbb{Q}[x][\frac{d}{dx}]$ invariant. (Ces automorphismes seront également notés Φ). On note $D^\Phi \in K[x][\frac{d}{dx}]$ le transformé de $D \in K[x][\frac{d}{dx}]$ par Φ. On vérifie immédiatement que D et D^Φ ont même polygone de Newton : $N(D) = N(D^\Phi)$. Si k est une pente de $N(D)$, on note $\bar{A}_k = \sup_{\substack{c \in I_k \\ \Phi \in G}} A^\Phi_{k,c}$, où $\{A^\Phi_{k,c}\}_{c \in I_k}$ est l'ensemble des k-caractéristiques de D^Φ $(\bar{A}_k \in \mathbb{R}^+_*)$.

Si $c \in K$, on note $|\bar{c}| = \sup_{\substack{c' \in K \\ c' \text{ conjugué de } c}} |c'| = \sup_{\Phi \in G} |\Phi(c)|$.

Soit maintenant $D \in \mathbb{Q}[x][\frac{d}{dx}]$ un opérateur différentiel. On peut trouver une extension normale finie K de $\mathbb{Q}$ telle que toute "solution formelle" de D s'écrive

$$e^{q(\frac{1}{t})}\, t^{\alpha}\,[(\operatorname{Log} t)^p \hat{f}_p(t) + \dots + \hat{f}_o(t)]\ ,$$

avec $q \in K[\frac{1}{t}]$, $\alpha \in K$, $t^r = x$ $(r \in \mathbb{N})$; $\hat{f}_o,\dots,\hat{f}_p \in K[[t]]$. La "fonction" $\hat{f}(t) = (\operatorname{Log} t)^p \hat{f}_p(t) + \dots + \hat{f}_o(t)$ vérifie alors une équation différentielle de la forme $D_o \hat{f} = 0$, avec $D_o \in K[t][\frac{d}{dt}]$. (Cf. MALGRANGE [31], ROBBA [50], BALDASSARI [58].)

Si $D_o \in K[t][\frac{d}{dt}]$ et si $\hat{f}(t) = (\operatorname{Log} t)^p \hat{f}_p + \dots + \hat{f}_o$ $(\hat{f}_o,\dots,\hat{f}_p \in K[[t]])$ vérifie $D_o\hat{f} = 0$, on en déduit que

$$D_o\hat{f}_p = 0$$

$$t\, D_o\hat{f}_{p-1} = \hat{g}_{p-1}$$

$$t^p\, D_o\hat{f}_o = \hat{g}_o\ ,$$ où $\hat{g}_o,\dots,\hat{g}_{p-1} \in K[[t]]$ et plus précisément $\hat{g}_{p-i} \in K[t][\frac{d}{dt}]\ (\hat{f}_p,\dots,\hat{f}_{p-i+1})$.

Soit $f(x) = \sum_{n \in \mathbb{N}} c_n x^n/n!$ une fonction entière. On suppose que les coefficients c_n appartiennent à une même extension normale fixée K de $\mathbb{Q}$.

Rappelons (SIEGEL [65] II.1, p. 33 ; LANG [63], VII 1, p. 76] les :

Définition 3.3.1.

On dit que f est une E - fonction au sens de SIEGEL si :

(i) Pour tout $\varepsilon > o$, on a $|\bar{c}_n| < c_\varepsilon n^{n\varepsilon}$ (pour $c_\varepsilon > 0$ convenable indépendant de n).

(ii) Il existe une suite d'entiers positifs $q_o,\dots,q_n,\dots,$ tels que q_n soit un dénominateur pour c_k $(k = 0,\dots,n)$, avec, pour tout $\varepsilon > 0$: $q_n < c'_\varepsilon n^{n\varepsilon}$ (pour $c'_\varepsilon > 0$ convenable, indépendant de n).

Définition 3.3.2.

On dit que f est une E - fonction au sens de LANG si

(i) $|\bar{c}_n| < A^n$ (pour $A > 0$ convenable).

(ii) Il existe une suite d'entiers positifs $q_o,\dots q_n,\dots,$ tels que q_n soit un dénominateur pour c_k $(k = 0,\dots,n)$, avec $q_n < A'^n$ (pour $A' > 0$ convenable).

Nous nous proposons de montrer l'équivalence* des conditions (i) de SIEGEL et de LANG quand f est solution d'une équation différentielle linéaire à coefficients dans $K[x]$ (ce qui semble être le cas dans la plupart des applications). La condition (ii) de LANG implique évidemment celle de SIEGEL, mais il semble difficile de donner des conditions d'équivalence, même dans le cadre des solutions d'équations différentielles**.

Avec nos notations la condition (i) de SIEGEL équivaut à la suivante :

(3.3.3.) Pour tout $\Phi \in G(K/\mathbb{Q}) = G$, et tout $\varepsilon > 0$, on a $\Phi(f) \in \mathbb{C}[[x]]_\varepsilon$.

La condition (i) de LANG se traduit elle par :

(3.3.4.) Pour tout $\Phi \in G(K/\mathbb{Q}) = G$, on a $\Phi(f) \in \mathbb{C}[[x]]_o$.

THEOREME 3.3.5. Soit K une extension normale finie de $\mathbb{Q}$ et $D \in K[x][\frac{d}{dx}]$ un opérateur différentiel.

(i) Soit f une fonction entière dont les coefficients de Taylor à l'origine appartiennent à K, vérifiant la condition (i) de la définition des E-fonctions au sens de SIEGEL. Si f est solution de l'équation différentielle $Df = 0$, elle vérifie la condition (i) de la définition des E-fonctions au sens de LANG.

Plus précisément si $f(x) = \sum_{n \in \mathbb{N}} c_n x^n/n!$ on a alors l'une des deux éventualités suivantes :

a) Ou -1 n'est pas une pente du polygone de Newton $N(D)$ et,

---

* Cf. RAMIS [41].

** On peut citer dans un contexte voisin un théorème de DWORK-ROBBA [67] (Th. 4.3. p. 569). Ce résultat porte toutefois sur un système fondamental de solutions et non sur une solution isolée.

pour tout $A>0$, il existe $C_A>0$ tel que :

$$|\overline{C_n}| < C_A \, A^n (\Phi(\hat{f}) \in \mathbb{C}[[x]]_{(o)}) .$$

Plus précisément si k est la plus grande pente de $N(D)$ telle que $k<-1$, pour tout $0<\beta<-k-1$, on a $|\overline{C_n}| < C_\beta/(n!)^\beta$ (pour $C_\beta>0$ convenable).

b) Ou -1 est une pente du polygone de Newton $N(D)$ et, pour tout $\varepsilon>0$, il existe $C_\varepsilon>0$ tel que

$$|\overline{C_n}| < C_\varepsilon(\bar{A}_{-1}+\varepsilon)^n$$

$(\Phi(\hat{f}) \in \mathbb{C}[[x]]_{(0,\bar{A}_{-1}^{+})} \subset \mathbb{C}[[x]]_o)$.

(ii) Soit f une fonction entière dont les coefficients de Taylor à l'origine appartiennent à K , vérifiant la condition (i) de SIEGEL.

Si $Df = g$, avec $\Phi(g) = \mathbb{C}[[x]]_o$ pour tout $\Phi \in G(K/Q)$, alors f vérifie la condition (i) des E-fonctions au sens de LANG.

Remarques 3.3.6.

a) La situation la plus intéressante pour les applications est (i) b) (ou sa variante (ii)). C'est la situation rencontrée par SIEGEL dans [65] (D est dans ce cas un opérateur de Bessel).

b) Dans le cas (ii) si l'on dispose d'estimations assez précises sur g on peut donner des estimations plus précises sur f comme dans (i). Nous laissons les détails au lecteur.

Revenons à la démonstration du Théorème 3.3.5 :

On a, pour tout $\varepsilon>0$ et tout $\Phi \in G$ des quasi-isomorphismes (cf. Théorèmes 1.5.12 et 3.2.5.) :

$$\begin{array}{ccc} \mathbb{C}[[x]]_o & \xrightarrow{D^\Phi} & \mathbb{C}[[x]]_o \\ \downarrow & & \downarrow \\ \mathbb{C}[[x]]_\varepsilon & \xrightarrow{D^\Phi} & \mathbb{C}[[x]]_\varepsilon \end{array} \qquad \begin{array}{ccc} \mathbb{C}[[x]]_{(0,A_{-1}+)} & \xrightarrow{D^\Phi} & \mathbb{C}[[x]]_{(0,A_{-1}+)} \\ \downarrow & & \downarrow \\ \mathbb{C}[[x]]_\varepsilon & \xrightarrow{D^\Phi} & \mathbb{C}[[x]]_\varepsilon \end{array}$$

Dans le cas a) on a plus précisément des quasi-isomorphismes, (c'est une variante du Théorème 1.5.12.) :

$$\begin{array}{ccc} \mathbb{C}[[x]]_s & \xrightarrow{D^{\Phi}} & \mathbb{C}[[x]]_s \\ \downarrow & & \downarrow \\ \mathbb{C}[[x]]_\varepsilon & \xrightarrow{D^{\Phi}} & \mathbb{C}[[x]]_\varepsilon \end{array},$$

avec $s = 1 + \frac{1}{k} < 0$, et

$$\begin{array}{ccc} \mathbb{C}[[x]]_{(s,\bar{A}_k+)} & \xrightarrow{D^{\Phi}} & \mathbb{C}[[x]]_{(s,\bar{A}_k+)} \\ \downarrow & & \downarrow \\ \mathbb{C}[[x]]_\varepsilon & \xrightarrow{D^{\Phi}} & \mathbb{C}[[x]]_\varepsilon \end{array}.$$

Compte tenu des interprétations des conditions (i) de SIEGEL et de LANG données plus haut le Théorème 3.3.5. s'en déduit aisément.

THEOREME 3.3.7. <u>Soit</u> $D \in \mathbb{Q}[x][\frac{d}{dx}]$ <u>un opérateur différentiel. Soit</u> K <u>une extension normale finie de</u> $\mathbb{Q}$ <u>permettant d'écrire toutes les "solutions formelles" de</u> D .

<u>Soit</u> $\hat{f} = e^{q(\frac{1}{x})} t^{\alpha}[(\operatorname{Log} t)^p \hat{f}_p(t) + \dots + \hat{f}_o(t)]$ <u>une solution formelle de</u> D .

<u>Si</u> $\hat{f}_o,\dots,\hat{f}_p$ <u>vérifient la condition (i) de SIEGEL, elles vérifient la condition (i) de LANG. Plus précisément si</u> $f_j(x) = \sum_{n \in \mathbb{N}} c_{jn} \; x^n/n!$ $(j = 0,\dots,p)$. <u>On a alors l'une des deux éventualités suivantes</u> :

a) Ou -1 <u>n'est pas une pente de</u> $N(D)$ <u>et pour tout</u> A <u>et tout</u> $j = 0,\dots,p$ <u>il existe</u> $C_A > 0$ <u>tel que</u> :

$$|\bar{c}_{jn}| < C_A A^n \; (\Phi(\hat{f}_j) \in \mathbb{C}[[x]]_{(o)}) .$$

<u>Plus précisément si</u> k <u>est la plus grande pente de</u> $N(D)$ <u>telle que</u> $k < -1$, <u>pour tout</u> $0 < \beta < -k-1$, <u>et tout</u> $j = o,\dots,p,$ <u>on a</u>

$$|\overline{c_{jn}}| < C_\beta/(n!)^\beta \quad (\text{pour } C_\beta > 0 \text{ convenable}).$$

b) _Ou_ -1 _est une pente de_ $N(D)$ _et pour tout_ $\varepsilon > 0$ _et tout_ $j = 0,\ldots,p$, _il existe_ $C_\varepsilon > 0$ _tel que_ :

$$|\overline{c_{jn}}| < C_\varepsilon(\bar{A}_{-1}+\varepsilon)^n$$

$$(\Phi(\hat{f}_j) \in \mathbb{C}[[x]]_{(o,\bar{A}_{-1}+)} \subset \mathbb{C}[[x]]_o) .$$

Ce résultat s'établit par récurrence descendante sur $j = 0,\ldots,p$ en utilisant une variante du Théorème 1.7.5. (cf. Remarque 3.3.6. (ii)).

B I B L I O G R A P H I E

[1] BALSER W., JURKAT W., D.A. LUTZ : A general Theory of Invariants for Meromorphic Differential Equations ; Part I. Funkcialaj Ekvacio. Vol. 22, n° 2, 1979, p. 197-221.

[2] BIRKHOFF G.D. : Equivalent Singular Points of Ordinary Linear Differential Equations. Math. Annalen, 1913, vol. 74, n° 1, p. 134-139.

[3] BOREL E. Mémoire sur les Séries Divergentes. Annales Sc. de l'E.N.S., 3ème Série, T. 16 (1899), p. 9-136.

[4] BOUTET de MONVEL L., LEJEUNE M., MALGRANGE B : Séminaire Grenoble (1975-1976).

[5] BRIOT et BOUQUET : Recherches sur les propriétés des fonctions définies par des équations différentielles. Journal de l'Ecole Impériale Polytechnique 1856, t. XXI, 36, p. 133-198.

[6] F. COPE : Formal solutions of irregular linear differential equations, II. Amer. J. Math., 58 (1936), p. 130-140.

[7] DABECHE A. : Formes canoniques rationnelles d'un système différentiel à point singulier irrégulier. Springer Lecture Notes 712 (1979).

[8] DELIGNE P. : Equations différentielles à points singuliers réguliers, Lecture Notes in Math., 163, Springer-Verlag, 1970.

[9] DIEUDONNE, SCHWARTZ L. La dualité dans les espaces (F) et (LF) . Annales de l'Institut Fourier (Grenoble) ; T I, 61-101 (1979).

[10] DOUADY R. : Produits tensoriels topologiques et espaces nucléaires. Séminaire de géométrie analytique Astérisque 16 (1974).

[11] DUVAL A. : Etude Asymptotique d'une intégrale analogue à la fonction "Γ modifiée". Preprint I.R.M.A. Strasbourg (1980).

[12] EULER L. De seriebus divergentibus, Leonardi Euler Opera Omnia, I. 14, Teubner, Leipzig-Berlin, 1925, p. 601-602.

[13] GERARD-LEVELT : Invariants mesurant l'irrégularité en un point singulier des systèmes d'équations différentielles linéaires, Ann. Inst. Fourier (1973), p. 157-195.

[14] GRISVARD P. : Opérateurs à Indice, Lemme de Compacité. Séminaire Cartan-Schwartz, 16ème année, 1963/64, n° 12.

[15] GROTHENDIECK A. : Sur certains espaces de fonctions holomorphes I. Journal de Crelle, Bd 192 (1955), p. 35-64.

[16] M. HUKUHARA : Sur les points singuliers des équations différentielles linéaires, III, Mém. Fac. Sc. Kyusu Un., 1 (1942), p. 125-137.

[17] N. JACOBSON : Pseudo-Linear transformations, Annals of Math., 38 (1937), p. 484-507.

[18] KOMATSU H. : On the index of differential operators, J. Fac. Sci. Tokyo IA, (1971) p. 379-398.

[19] KOMATSU H. : Ultradistributions, I. Structure theorems and a characterization, J. Fac. Sci. Tokyo Section IA (1973), p. 25-106.

[20] KOMATSU H. : Ultradistributions and Hyperfunctions. Proceedings of a Conference at Katata 1971. Lecture Notes 287 (Springer-Verlag).

[21] KOMATSU H. : On the regularity of hyperfunction solutions of linear ordinary differential equations with real coefficients. Journal of the Faculty of Science University of Tokyo - Section 1 A. 20 (1973)

[22] LAURENT Y. : Deuxième microlocalisation. Complex Analysis, Microlocal Calculus and Relativistic Quantum Theory. Proceedings, Les Houches 1979. Lecture Notes in Physics n° 126 (Springer Verlag).

[23] LEROY E. Sur les séries divergentes et les fonctions définies par un développement de Taylor. Ann. Fac. Université de Toulouse 1900, p. 317-430.

[24] LEVELT A.H.M. : Formal Theory of Irregular Singular Points. Inédit (1972).

[25] LEVELT A.H.M. : Jordan Decomposition for a class of Singular Differential Operators. Ark. fur Math, 13 (1975).

[26] LODAY M. : Théorèmes d'indices dans les espaces de type Gevrey généralisé. A paraître dans "Equations Différentielles et systèmes de Pfaff dans le champ complexe".

[27] MAHLER K. On formal power series as integrals of algebraic differential equations. Lincei, 36, vol. I (1971), p. 76-89.

[28] MAILLET E. Sur les séries divergentes et les équations différentielles. Annales E.N.S., Paris (1903), p. 487-518.

[29] MALGRANGE B. : Remarques sur les points singuliers des équations différentielles. C.R. Acad. Sc., Paris, 273-23 (1971), p. 1136-1137.

[30] MALGRANGE B. : Sur les points singuliers des équations différentielles. L'Enseignement Mathématique, t. XX, 1-2 (1974), p. 147-176.

[31] MALGRANGE B. : Sur la réduction formelle des équations différentielles à singularités irrégulières, (préprint, Grenoble).

[32] MALGRANGE B. : Remarques sur les équations différentielles à points singuliers irréguliers. Equations différentielles et Systèmes de Pfaff dans le champ complexe. R. Gérard et J.P. Ramis ed. (Lecture Notes 712, Springer Verlag 1979), p. 77-86.

[33] MALGRANGE B. : Modules Microdifférentiels et classes Gevrey. Preprint (Grenoble 1980).

[34] Yu MANIN Moduli fuchsiani, Ann. Sc. Norm. Pisa, III, 19 (1965), p. 113-126.

[35] ORE : Theory of non commutative polynomials, Annals of Math. 34 (1933), p. 480-508.

[36] PERRON O. : Über lineare Differenzengleichungen. Acta Math. 34 (1910), p. 109-137.

[37] PERRON O. : Über lineare Differentialgleichungen mit rationalen Koeffizienten, Acta Math. 34 (1910), p. 139-163.

[38] PERRON O. Über Summengleichungen and Poincaresche Differenzengleichungen. Math. Ann., 84 (1921) p. 1-15.

[39] PHAM F. : Introduction à l'étude des Systèmes Différentiels de Gauss-Manin (Birkhauser 1980).

[40] POLYA : Zur Untersuchung der Grössenordnung Ganzerfunktionen die einer Differentialgleichung genügen. Acta Mathematica, t. XLII (1920), p. 309-316.

[41] RAMIS J.P. : Dévissage Gevrey, Astérisque S.M.F., 59-60 (1978), p. 173-204.

[42] RAMIS J.P. : Les séries k-sommables et leurs applications. Springer Lecture Notes in Physics n° 126 (1980).

[43] RAMIS J.P. : Développements asymptotiques Gevrey et séries k-sommables. En préparation.

[44] RAMIS J.P. : La Théorie de Hensel des opérateurs différentiels et le problème de resommation. En préparation.

[45] RAMIS J.P. : Développements asymptotiques Gevrey, séries k-sommables et applications aux équations différentielles et aux différences. En préparation.

[46] RAMIS J.P., RUGET G. : Complexe dualisant et Théorèmes de Dualité en Géométrie Analytique Complexe. Publ. Math. I.H.E.S. n° 38 (1970) p. 77-91.

[47] RAMIS J.P., SCHIFFMANN G. : A propos d'un Théorème d'O.PERRON. En préparation.

[48] RAMIS J.P., THOMANN J. : Remarques sur l'utilisation numérique des séries de factorielles. Séminaire d'Analyse Numérique n° 346 ; I M A G (Grenoble 1980).

[49] RAMIS J.P., THOMANN J. Some comments about the numerical utilisation of factorial series. Numerical Methods in the Study of Critical Phenomena. Springer Series in Synergetics (1981), p. 12-25.

[50] ROBBA F. : Lemmes de Hensel pour les opérateurs différentiels, application à la réduction formelle des équations différentielles. L'Enseignement Mathématique, t. XXVI, 3-4 (1980), p. 279-311.

[51] SERRE J.P. : Algèbre Locale - Multiplicités. Springer Lecture Notes 11 (1965).

[52] SIBUYA Y. : Perturbation at an irregular singular point. Springer Lecture Notes 243 (1971), p. 148-168.

[53] SILVA J. : As Funções Analiticas e a Análise Funcional, Port. Math., 9, (1950), p. 1-130.

[54] TURRITIN H.L. : Convergent solutions of ordinary linear homogeneous differential equations in the neighbourhood of an irregular singular point. Acta Math. 93, (1955), p. 27-66.

[55] VALIRON G. : Sur les fonctions entières vérifiant une classe d'équations différentielles. Bull. Soc. Math. France, t. 51 (1926), p. 33-45.

[56] VALIRON G. : Fonctions analytiques et équations différentielles. Journal de Mathématique n° 31, (1952), p. 293-303.

[57] WIMAN A. : Über den Zusammenhang zwischen dem Maximalbetrage einer analytischen Funktion und dem grössten Betrage bei gegebenem Argumente der Funktion. Acta Mathematica 41, t. XLI (1916), p. 1-28.

[58] BALDASSARI F. : Differential modules and singular points of p - adic differential equations. Advances in Mathematics 44(1982) p. 155-179.

[59] DOUADY R. : Produits tensoriels topologiques et espaces nucléaires. Séminaire de géométrie analytique. Astérisque 16 (1974), p. I.01, I.25.

[60] GROTHENDIECK A. : Produits tensoriels topologiques et espaces nucléaires. Mémoire A.M.S., 16 (1955).

[61] HELFFER B., KANNAI Y. : Determining factors and hypoellipticity of ordinary differential operators with double "characteristics". Astérisque 2-3 (1973), p. 197-216.

[62] KATZ N. : Nilpotent connections and the monodromy theorem. I.H.E.S. Publ. Math. n° 39 (1970), p. 176-232.

[63] LANG S. : Introduction to Transcendental Numbers. Addison Wesley Publ. Comp. (1966).

[64] LAURENT Y. : Théorie de la deuxième microlocalisation dans le domaine complexe : opérateurs 2 - microdifférentiels. Thèse, Orsay (1982).

[65] SIEGEL C.L. : Transcendental Numbers. Annals of Mathematical Studies, n° 16, Princeton (1949).

[66] VIJAYARAGHAVAN T. : Sur la croissance des fonctions définies par les équations différentielles, C.R.A.S., Paris, 194 (1932), 827-829.

[67] DWORK B., ROBBA P. : Effective p - adic bounds for solutions of homogeneous linear differential equations. Transactions of the A.M.S. 259, 2 (1980), p. 559-577.

[68] KOMATSU H. : Linear Ordinary Differential Equations with Gevrey Coefficients. Journ. of Diff. Equ. 45 (1982), p. 272-306.

Département de Mathématique
Université de Strasbourg
7, rue René Descartes
67084 STRASBOURG CEDEX
France

General instructions to authors for
PREPARING REPRODUCTION COPY FOR MEMOIRS

For more detailed instructions send for AMS booklet, "A Guide for Authors of Memoirs." Write to Editorial Offices, American Mathematical Society, P. O. Box 6248, Providence, R. I. 02940.

MEMOIRS are printed by photo-offset from camera copy fully prepared by the author. This means that, except for a reduction in size of 20 to 30%, the finished book will look exactly like the copy submitted. Thus the author will want to use a good quality typewriter with a new, medium-inked black ribbon, and submit clean copy on the appropriate model paper.

Model Paper, provided at no cost by the AMS, is paper marked with blue lines that confine the copy to the appropriate size. Author should specify, when ordering, whether typewriter to be used has PICA-size (10 characters to the inch) or ELITE-size type (12 characters to the inch).

Line Spacing – For best appearance, and economy, a typewriter equipped with a half-space ratchet – 12 notches to the inch – should be used. (This may be purchased and attached at small cost.) Three notches make the desired spacing, which is equivalent to 1-1/2 ordinary single spaces. Where copy has a great many subscripts and superscripts, however, double spacing should be used.

Special Characters may be filled in carefully freehand, using dense black ink, or INSTANT ("rub-on") LETTERING may be used. AMS has a sheet of several hundred most-used symbols and letters which may be purchased for $5.

Diagrams may be drawn in black ink either directly on the model sheet, or on a separate sheet and pasted with rubber cement into spaces left for them in the text. Ballpoint pen is *not* acceptable.

Page Headings (Running Heads) should be centered, in CAPITAL LETTERS (preferably), at the top of the page – just above the blue line and touching it.

LEFT-hand, EVEN-numbered pages should be headed with the AUTHOR'S NAME;

RIGHT-hand, ODD-numbered pages should be headed with the TITLE of the paper (in shortened form if necessary).

Exceptions: PAGE 1 and any other page that carries a display title require NO RUNNING HEADS.

Page Numbers should be at the top of the page, on the same line with the running heads.

LEFT-hand, EVEN numbers – flush with left margin;

RIGHT-hand, ODD numbers – flush with right margin.

Exceptions: PAGE 1 and any other page that carries a display title should have page number, centered below the text, on blue line provided.

FRONT MATTER PAGES should be numbered with Roman numerals (lower case), positioned below text in same manner as described above.

MEMOIRS FORMAT

It is suggested that the material be arranged in pages as indicated below.
Note: Starred items (*) are requirements of publication.

Front Matter (first pages in book, preceding main body of text).

Page i – *Title, *Author's name.

Page iii – Table of contents.

Page iv – *Abstract (at least 1 sentence and at most 300 words).

*1980 Mathematics Subject Classifications represent the primary and secondary subjects of the paper. For the classification scheme, see Annual Subject Indexes of MATHEMATICAL REVIEWS beginning in December 1978.

Key words and phrases, if desired. (A list which covers the content of the paper adequately enough to be useful for an information retrieval system.)

Page v, etc. – Preface, introduction, or any other matter not belonging in body of text.

Page 1 – Chapter Title (dropped 1 inch from top line, and centered).

Beginning of Text.

Footnotes: *Received by the editor date.
Support information – grants, credits, etc.

Last Page (at bottom) – Author's affiliation.

ABCDEFGHIJ–AMS–8987654